# 高陡岩质边坡生态修复技术

刘 瑾　宋泽卓　车文越
孙梦雅　孙少锐　◎著

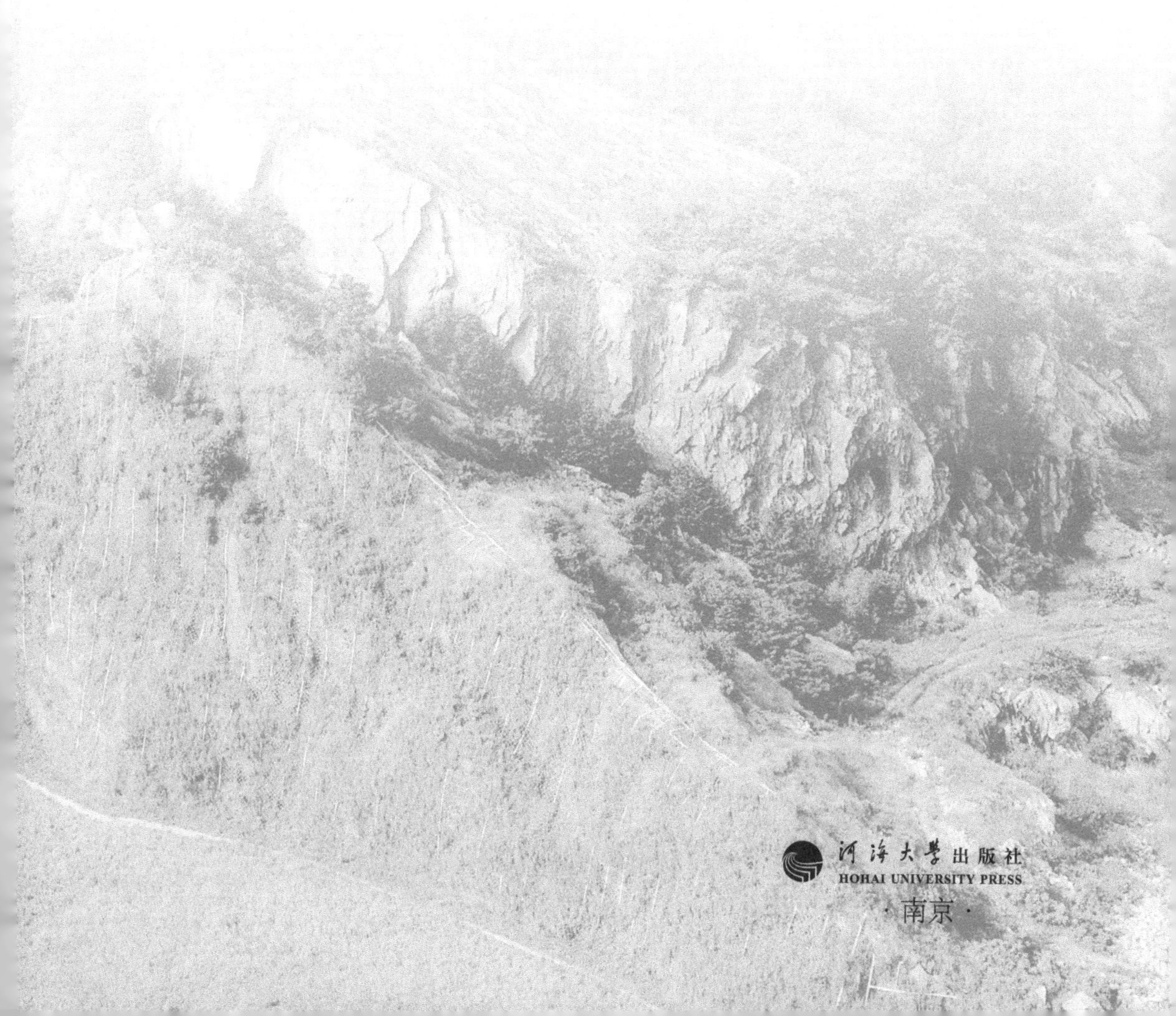

河海大學出版社

·南京·

图书在版编目(CIP)数据

高陡岩质边坡生态修复技术 / 刘瑾等著. -- 南京：河海大学出版社, 2024.6. ISBN 978-7-5630-9138-6

Ⅰ. X171.4

中国国家版本馆 CIP 数据核字第 2024AQ3522 号

| 书　　名 | 高陡岩质边坡生态修复技术 |
| --- | --- |
|  | GAODOU YANZHI BIANPO SHENGTAI XIUFU JISHU |
| 书　　号 | ISBN 978-7-5630-9138-6 |
| 责任编辑 | 吴　淼 |
| 特约校对 | 丁　甲 |
| 封面设计 | 槿容轩 |
| 出版发行 | 河海大学出版社 |
| 地　　址 | 南京市西康路1号(邮编:210098) |
| 电　　话 | (025)83737852(总编室)　(025)83722833(营销部) |
| 经　　销 | 江苏省新华发行集团有限公司 |
| 排　　版 | 南京布克文化发展有限公司 |
| 印　　刷 | 苏州市古得堡数码印刷有限公司 |
| 开　　本 | 718毫米×1000毫米　1/16 |
| 印　　张 | 12.5 |
| 字　　数 | 225千字 |
| 版　　次 | 2024年6月第1版 |
| 印　　次 | 2024年6月第1次印刷 |
| 定　　价 | 98.00元 |

# 前　言

人类活动对自然环境的影响日益加剧,生态修复已成为环境保护和可持续发展的关键课题。高陡岩质边坡的生态修复,因其特殊的地质条件和生态环境,已成为工程建设和环境保护领域的重要组分,直接关系到国家生态文明建设和人类社会可持续发展;是一项跨学科、综合性的技术挑战,涉及地质学、土壤学、生态学、植物学等多领域的融合交叉;旨在确保边坡稳定性的基础上,恢复和重建边坡的生态功能,实现工程安全与生态环境保护的协调统一。

本书的编写源自对生态平衡重要性和现有修复技术局限性的深刻理解,旨在为高陡岩质边坡生态修复领域研究与实践提供一套科学、系统、实用的技术指南,为该领域提供全面而深入的学术资源和实践参考。本书重点吸纳高陡岩质边坡生态修复领域的最新研究进展与工程实践经验,突出高陡岩质边坡生态修复的内在逻辑与技术要点,不仅注重理论与实践的结合,更强调创新思维与科研能力的培养,有助于在复杂的工程环境中做出科学决策。

本书的内容涵盖了生态修复的基本概念、理论基础、关键技术和应用案例,详细阐述了土壤改良、工程设计等关键技术,引入地质工程、材料工程、环境工程等多学科理论,建立起系统的高陡岩坡生态修复基本理论和特色技术。

本书由刘瑾、宋泽卓、车文越、孙梦雅和孙少锐等撰写,各章节分工为:第1、2章,刘瑾、张晨阳、郑加强撰写;第3章,宋泽卓、戴承江、陆一品撰写;第4章,车文越、马柯、黄庭伟撰写;第5章,孙梦雅、陈志昊、何承宗撰写;第6章,孙少锐、吴鹏、王政杰撰写。

在此,谨向所有为本书编写过程中付出努力的专家、学者和编辑人员表示诚挚的感谢。感谢江苏省地质调查研究院、江苏省地质矿产勘查局和江苏省山水生态环境建设工程有限公司对本书的大力支持。

由于作者水平有限,书中错误和不足之处在所难免,恳请读者批评指正。

刘　瑾<br>
二〇二四年八月

# 目　录

**第1章　绪论** ································································································· 001
　第1节　高陡岩质边坡生态修复理论研究现状 ············································· 003
　　1.1　高陡边坡生态修复背景及意义 ······················································· 003
　　1.2　高陡岩质边坡生态防修复研究进展 ················································· 004
　第2节　高陡岩质边坡生态修复技术介绍 ··················································· 007
　　2.1　三维土工网植草生态修复技术 ······················································· 007
　　2.2　植生袋生态修复技术 ····································································· 008
　　2.3　生态混凝土生态修复技术 ······························································ 009
　　2.4　客土喷播技术 ·············································································· 011
　第3节　高陡岩质边坡生态修复现状及存在问题 ········································· 014
　　3.1　我国高陡岩质边坡生态修复现状 ···················································· 014
　　3.2　存在问题 ···················································································· 015

**第2章　客土基材组分** ······················································································ 017
　第1节　客土基材组分介绍 ········································································ 019
　第2节　客土基材黏结剂 ··········································································· 024
　　2.1　有机高分子聚合物研制 ································································· 024
　　2.2　高分子聚合物基本物理性质 ··························································· 026
　第3节　高分子聚合物特性测定 ································································· 028
　　3.1　高分子聚合物黏度特性 ································································· 028
　　3.2　高分子聚合物凝固特性 ································································· 029
　第4节　高分子聚合物混合土的物理性质与微观结构 ··································· 031
　　4.1　混合土物理性质 ··········································································· 031

4.2　混合土微观结构 ································································· 034
　第5节　高分子聚合物混合土工程性能 ················································· 040
　　5.1　无侧限抗压性能 ································································· 040
　　5.2　抗冲刷性能 ······································································· 042
　　5.3　抗风蚀性能 ······································································· 043
　　5.4　保水性和植被生长状况 ······················································· 043

## 第3章　客土基材力学性质 ································································· 047
　第1节　客土基材的无侧限抗压试验 ····················································· 049
　　1.1　无侧限抗压条件下应力应变特性 ············································ 049
　　1.2　无侧限抗压条件下峰值强度特征 ············································ 050
　　1.3　无侧限抗压条件下变形破坏特征 ············································ 052
　第2节　客土基材的三轴压缩试验 ························································ 056
　　2.1　三轴压缩应力应变特性 ························································ 056
　　2.2　三轴压缩峰值偏应力及强度参数 ············································ 058
　　2.3　三轴压缩破坏特征 ····························································· 061
　第3节　客土基材的耐久性试验 ··························································· 063
　　3.1　冻融循环条件下客土基材应力应变特性 ··································· 063
　　3.2　冻融循环条件下客土基材耐久性 ············································ 065

## 第4章　客土基材水理性质 ································································· 067
　第1节　客土基材抗裂特性 ································································· 069
　　1.1　聚合物浓度对客土基材失水特性影响 ······································ 069
　　1.2　基材厚度对复合基材失水特性影响 ········································· 073
　　1.3　温度对复合基材失水特性影响 ··············································· 077
　　1.4　干湿循环条件下客土基材开裂特性 ········································· 080
　第2节　客土基材抗冲刷特性 ······························································ 085
　　2.1　基材表土抗冲刷特性 ··························································· 085
　　2.2　基材表土抗冲刷形态 ··························································· 089
　第3节　客土基材保水性 ···································································· 094
　　3.1　客土基材保水特性 ····························································· 094

  3.2 高聚物对客土基材保水特性影响·················· 096
 第4节 客土基材植被固土特性·························· 101
  4.1 植被发芽率统计································ 101
  4.2 植被生长状态·································· 103
  4.3 根系-土力学特性······························ 108

## 第5章 客土基材接触面力学性质ꞏꞏꞏꞏꞏꞏꞏꞏꞏꞏꞏꞏꞏꞏꞏꞏꞏꞏꞏꞏꞏꞏ 119

 第1节 客土基材接触面抗剪强度························ 121
  1.1 聚合物浓度对客土基材接触面剪切特性影响········ 121
  1.2 复合材料对客土基材接触面剪切特性影响·········· 129
  1.3 起伏角对客土基材接触面剪切特性影响············ 132
  1.4 客土基材接触面破坏形态························ 134
 第2节 客土基材接触面黏附性能························ 137
  2.1 聚合物浓度对基材接触面滑动影响················ 137
  2.2 纤维掺量对基材接触面滑动影响·················· 140
  2.3 复合材料对基材接触面滑动影响·················· 144
  2.4 起伏角对基材接触面滑动影响···················· 147
  2.5 基材接触面滑动破坏过程························ 150

## 第6章 岩坡生态修复技术工程应用ꞏꞏꞏꞏꞏꞏꞏꞏꞏꞏꞏꞏꞏꞏꞏꞏꞏꞏꞏꞏ 155

 第1节 南京岩质边坡生态修复工程······················ 157
  1.1 工程区背景···································· 157
  1.2 边坡生态修复设计方案·························· 158
  1.3 边坡生态修复施工过程·························· 159
  1.4 边坡生态修复评价······························ 160
 第2节 连云港岩质边坡生态修复工程···················· 167
  2.1 工程区背景···································· 167
  2.2 生态修复难点及其设计和施工过程················ 168
  2.3 边坡生态修复评价······························ 170
 第3节 岩坡客土基材生态修复机理······················ 172
  3.1 高分子聚合物加固机理·························· 172

3.2 高分子聚合物对陡坡坡面土体稳定性影响 …………………………… 174
3.3 高分子聚合物对陡坡坡面抗开裂特性影响 …………………………… 176
3.4 高分子聚合物对陡坡客土基质接触面力学性质影响………………… 179
3.5 高分子聚合物对陡坡坡面抗冲刷性质影响 …………………………… 181
3.6 高分子聚合物对陡坡坡面植被生长影响 ……………………………… 183
3.7 客土基材边坡生态修复机理 …………………………………………… 184

**参考文献** ………………………………………………………………………… 188

# 第 1 章

# 绪论

# 第 1 节
# 高陡岩质边坡生态修复理论研究现状

## 1.1 高陡边坡生态修复背景及意义

"十四五"期间,随着国土绿化行动的大规模开展,针对工程开挖引起的裸露岩质边坡等相关生态复绿技术研究不断深入。裸露岩坡的坡面因长时间的风化而导致岩石破碎,危岩浮石遍布,在降雨和外部力量作用下,易发生坍塌、滑坡等自然灾害,对人民生命财产安全造成威胁。同时,这类岩质边坡由于坡面风化程度过大,水土流失严重,缺乏植被生长所需要的土壤与养分,植被无法获得适宜的生长条件,岩坡所在区域生态恢复缓慢。为响应国家对可持续发展计划的号召,生态环境保护体制改革在工程建设中逐渐深入。水泥浇筑、喷混凝土等传统岩质边坡防护技术仅注重坡体稳定性的防护,缺乏对区域生态建设的关注,致使岩质边坡绿化覆盖度低且持续时间短,部分防护材料由于较高的硬度,会抑制植物的生长,无法解决目前日益突出的工程防护和生态建设的矛盾。同时,"十四五"规划中明确提出,"坚持山水林田湖草系统治理,着力提高生态系统自我修复能力和稳定性,守住自然生态安全边界,促进自然生态系统质量整体改善"。面对裸露岩质边坡生态修复的严峻形势并为了响应国家号召,各地政府出台如减少削坡、规定期限内限制新道路开挖和关闭矿山等相应政策。因此,如何有效地实现裸露岩坡的生态自修复是一项紧迫而又十分重要的课题。

党的十八大以来,党中央、国务院高度重视优化国土空间开发格局,全面促进资源节约,加大自然生态系统和环境保护的力度,实施山水林田湖草生态保护修复工程。习近平总书记指出:"我们既要绿水青山,也要金山银山。宁要绿水青山，不要金山银山，而且绿水青山就是金山银山。"党的十九大以来，党中央、国务院对全面加强生态环境保护提出了新要求新任务，要坚决打好污染防治攻坚战，强化国土绿化和自然资源保护与生态环境修复，大力修复植被破坏严重、岩壁裸露的矿山，重点治理生态保护区、居民生活区、风景名胜区、交通与河道沿线裸露边坡生态环境，防治水土流失，恢复生态环境。因此，采用边坡生态修复技术对陡坡进行生态修复愈发受到"青睐"。边坡生态修复技术是指通过人工手段营造植被生长所需的环境条件以恢复植被，进而借助植被根系的锚固作用稳定边坡土体，从而修复边坡环境的工程手段。目前常见的边坡生态修复技术主要包括客土喷播生态修复技术、植生袋生态修复技术、鱼鳞坑生态修复技术等。其中，客土喷播生态修复技术能够兼顾生态修复与边坡防护，在众多水利水电、交通、矿山工程中得到推广和应用。

客土喷播生态修复技术是将土、草种、肥料、黏结剂、保水剂等制成客土基质，采用喷播机多层次喷射，在边坡坡面形成适宜植被生长的客土层。这种方法可以培育出稳固边坡并与当地自然环境相和谐的植被，能够有效恢复因工程建设而破坏的自然生态环境，在国内外边坡工程中得到推广和应用，积累了一定的工程经验和研究成果。该技术能够有效应用于坡度较小的边坡生态修复，实现护坡与生态美观建设的双重目的。但大多数陡坡的客土层受到雨水冲刷侵蚀，容易造成表土流失和种子滑落，致使坡面丧失了适宜植被生长的环境。此外，客土层与岩质坡面的黏附作用差，容易导致客土层沿坡面发生整体滑塌或剥离。这些问题会不断削减坡面客土层的厚度，导致客土层保水保肥能力下降，影响植被生长，难以满足陡坡生态修复的需求。

## 1.2 高陡岩质边坡生态防修复研究进展

陡坡生态修复技术大多由传统的土体边坡修复技术演变而来，基于陡坡环境特点改良后形成了现有的陡坡生态修复技术。按照发展的时间顺序，陡坡生态修复技术的发展可以分为三个阶段。第一阶段开始于1910年，该阶段的主要发展特点为将已有的平缓土质边坡修复技术推广至陡坡，并开始出现机械化。1916年，Fellenius对现有的圆弧滑动面边坡稳定性分析方法进行了改进并形成了瑞典条分法，促进了边坡工程及其相关研究的发展，这标志着陡坡生态修复技术进入其发展的第一阶段。1935年，美国学者Leopold与助手在威斯康星大学通过试验首次提出了"生态恢复"的思想。1936年，美国首次在公路的边坡治理工程中使用了植物枝条构筑篱墙方法对边坡进行防护。随着各类高速公路工程建设的发展,欧美等发达国家提出了多种方法用于高速公路边坡的修复,常见的方法包括 Live Fascine(活枝捆垛)、Live Cutting(活枝扦插)、Brush Layer(树枝压条)、Wattle Fence(枝条篱墙)等,这些方法有效地防止了降水对高速公路边坡的冲刷与侵蚀。1943 年至 1944 年,Moorish[1]和 Hursh[2]在公路两侧进行了草皮种植试验,对不同草种类型、组合比例以及播种时间条件下草皮的种植效果进行了研究。1953 年,美国 Finn 公司首次研发了土壤喷播机,使得陡坡的生态修复进入机械化时代。此后,欧美一些发达国家陡坡生态修复技术进入了高速发展时期。同时,日本开始逐渐重视陡坡生态修复技术的发展。

山地和丘陵是日本的主要地形,占据了日本国土面积的 70% 以上,这使得其工程建设需要进行大量的边坡开挖,从而形成了大量的陡坡,进而使得陡坡生态治理与修复成为了日本国土建设的重要课题。1960 年,日本从美国引进了多台喷播机。1973 年,日本研发了纤维土绿化工法,该技术被认为是现代客土喷播生态修复技术的起源。随后,日本研究人员接连研发了高次团粒 SF 绿化工法、连续纤维绿化工法、绿化网法、网垫工法等。新技术的不断出现使得日本成为了世界陡坡生态修复技术领域的"领头羊"。

第二阶段是 20 世纪 90 年代至 21 世纪初。该阶段最重要的标志为 1994 年 9 月在英国牛津举行的首次国际生态护坡会议,此次会议推动了生态护坡技术在世界范围内的快速推广、全面发展与广泛应用。一些新型的陡坡生态修复技术,如客土喷播生态修复技术、植生袋技术、植生槽技术等在这段时间中相继出现。这些技术均具有相对较好的应用效果,但也存在着诸如高昂的造价以及仅能用于缓坡修复的应用场景限制等缺点。

第三阶段开始于 21 世纪初期,并一直延续至今。国内外学者在本阶段的主要精力由新技术的研发转变为现有技术的创新,具有代表性的是生态混凝土技术和地境再造技术。该阶段的主要特点为理论指导实践、实践与理论并行。

我国在陡坡生态修复技术领域的技术发展始于 17 世纪。当时,人们利用植被对裸露的黄河河岸边坡进行生态护坡。20 世纪 80 年代以来,我国的陡坡生态修复技术进入快速发展时期,90 年代初,我国与日本合作在西北地区进行了首次客土喷播修复试验。1993 年,我国引进了土工织物护坡技术,并在此基础上发展出了各类土工材料护坡技术。近年来,我国学者在陡坡生态修复领域不断拓展,取得了较大的发展。张东等[3]利用铅锌矿开采后形成的矿渣,结合 BFA、磷酸二氢铵、沸石和有机肥等材料形成了适用于陡坡生态修复的基质,并对其基本性质和对植被生长的影响进行了研究与分析。叶建军等[4]在国道 569 曼德拉至大通高速公路边坡对喷射生态护坡技术的应用效果进行了现场试验研究。欧哲等[5]对喷混植生护坡技术在矿山岩质边坡治理中的应用进行了对比研究。肖金科[6]通过数值模拟分析和现场试验研究了锚喷生态混凝土技术在破碎岩质边坡中的应用效果。

目前,国内外研究学者在陡坡生态修复技术领域已经形成了多种有效的技术,并对陡坡生态修复的底层逻辑达成了一定的共识,即建立一个完整的陡坡生态系统,该生态系统能够实现坡面的防护与生态的恢复。陡坡生态修复最直接的作用是在陡坡表面形成一个有效的土壤层。这个土壤层能够在实现坡面稳定的同时有效地减少水土流失现象的发生,通过促进植被的生长实现坡面稳定性的提升。再者,陡坡生态修复后的坡面生态环境得到改善,在提高陡坡自身生态性的同时,改善了周围的人居环境。

# 第 2 节
# 高陡岩质边坡生态修复技术介绍

陡坡生态修复技术是以土体和植被为主体的陡坡表层防护结构,它能在满足陡坡稳定性要求的同时提升陡坡的生态性。目前,国内外广泛使用的陡坡生态修复技术主要包括三维土工网植草技术、植生袋技术、生态混凝土技术、客土喷播技术、鱼鳞坑技术、绿化墙技术和种植槽技术等。

## 2.1 三维土工网植草生态修复技术

三维土工网植草生态修复技术是近年来形成的一种新型的土工合成材料陡坡生态修复技术。三维土工网是一种类似丝瓜网状的三维网垫,其内部具有大量的空间可以填充土体、种子、肥料等材料,具有耐久性强、抗腐蚀性强、施工简单、运输方便、固土效果好等特点。三维土工网植草生态修复是指将三维土工网铺设并固定在完成清坡后的陡坡坡表,在三维土工网内部播撒一定量含有植被种子的土体,并进行养护。

三维土工网植草生态修复技术的防护效果随着后期养护时间的增长呈现出逐渐增强的趋势。在铺设完成初期,由于植被尚未发育,主要的边坡防护效果由三维土工网实现。其特殊的类似丝瓜网状结构能够有效降低降水对土体的侵蚀效率。同时,降水形成的坡表径流会在三维土工网的"网泡"中形成小型的"漩涡",从而降低径流对土体的冲刷作用。随着植被的发育,植被根系、三维土工网以及土体之间形成牢固的复合锚固结构,使降水难以在坡表形成明显侵蚀。除此之外,复合锚固结构使得水分在土体内部运移的路径延长,从而降低了坡表受到的水分的侵蚀程度。

三维土工网植草生态修复技术自1993年引入我国后,便得到了深入研究与广泛应用。王广月等[7]通过室内试验研究了不同条件下三维土工网修复后陡坡的冲刷侵蚀特征,并采用数值模型计算了不同条件下边坡的整体稳定性。张宝森等[8]在长江三峡某岩质边坡生态治理中验证了三维土工网植草生态修复技术在陡坡生态修复中的可行性。肖衡林和张晋锋[9]通过室内试验研究了不同类型三维土工网在冲刷和植被发育过程中的性能区别。朱力等[10]通过理论分析和数值拟合从微观角度建立了植被根系-土工网-岩土体相互作用的力学模型,并对其微观作用机理进行了分析。肖成志等[11]分析了不同条件下三维土工网生态修复后边坡坡表径流冲刷的作用机理,并建立了三维土工网修复后边坡坡表径流冲刷的计算表达式。

## 2.2 植生袋生态修复技术

在陡坡生态修复工程之中,植生袋生态修复技术是目前较为常用的技术。植生袋又名生态袋,是一种综合植被技术与工程措施,以降低陡坡由于长期受外力侵蚀而形成的坡表生态结构脆弱,实现陡坡生态修复的技术。该技术最早起源于"土工袋"技术。1957年,荷兰、德国和日本等国的学者利用合成纤维制作了袋子装填土体,并将装填后的袋子铺设在河岸之上,以提高河岸的抗冲刷能力。此后,学者们开始对该技术进行详尽的分析与研究。

植生袋生态修复技术主要由植生袋、联结扣以及相应的骨架结构等组成。其中,植生袋多通过机械缝制无机合成纤维而成,具有强度高、耐腐蚀、抗紫外线、抗老化、无毒、稳固性好等特点。同时,它能够为植被提供良好的生长环境和充足的营养成分与水分。除此之外,植生袋能够对植被的生长提供一定的辅助作用,满足植被生长所需要的等效孔径条件,为植被生长提供充足的光照、氧气、二氧化碳等必须条件。联结扣是将植生袋连接在一起的工程构件,通常设置在两个植生袋之间,通过其上具有的倒钩状结构将植生袋连接在一起,从而形成一个稳定的三角内摩擦紧密内锁结构。在实际工程中,常见的植生袋主要有三种类型:单体植生袋、连体植生袋以及截水植生袋,三种类型具有不同的特点。单体植生袋是使用最为广泛的植生袋类型,它具有较强的可塑性和适应性,工程造价低,施工简单,适用于各种地形。连体植生袋是由单体植生袋通过联结形成的,它的抗拉扯能力和稳定性较强,可在45°以上的陡坡中使用,对不均匀沉降的适应性较强。截水植生袋是一种特殊的植生袋,它能够有效地防止降水对坡面的侵蚀,同时避免了生态阻隔效应的发生,具有良好的生态连通性,能够有效降低水分的蒸发速度,为植被生长提供充足的水分。

在完成植生袋生态修复后,植生袋内的植被种子逐渐发芽、生长,根系与土体间形成一定的锚固作用,从而实现边坡修复。目前,该技术已经广泛应用于陡坡的生态修复之中。李华翔等[12]以河南一矿山边坡为研究对象,对植生袋陡坡生态修复中的力学参数、填充基质、边坡坡度以及植物选择进行了研究与探讨。Zheng等[13]通过室内试验与现场试验分析了植生袋陡坡生态修复技术在冻土区的应用效果,试验结果表明,植生袋陡坡生态修复技术具有良好的抗侵蚀性、抗冻性和植被友好性。Zhang等[14]通过在北京黄院采石场进行的降水模拟试验,分析了不同降水强度下植生袋生态修复后陡坡抗冲刷性的变化。简尊吉等[15]在三峡工程库区消落带的植被恢复中对植生袋陡坡生态修复技术的可行性进行了验证,结果表明,植生袋陡坡生态修复技术能够在一定程度上促进植被的发育,能够改善三峡工程库区消落带的生态。尉英华[16]在山西某煤炭运输系统相邻陡坡的生态修复工程中对植生袋陡坡生态修复技术的可行性进行了验证,结果表明,该技术能够有效地提升陡坡的生态性,且具有节省占地面积、经济合理等优点。梁兆兴[17]采用地质雷达监测技术对植生袋修复后边坡的结构稳定性进行了研究,并建立了植生袋修复边坡稳定性数值分析模型。蒋希雁等[18]通过室内降雨试验分析了不同条件的强降雨作用下植生袋护坡的渗透规律,并为植生袋生态修复后边坡在降雨条件下的预警提供了一定的方法。Zhang等[19]在周口店植被恢复试验区对比研究了包括植生袋陡坡生态修复技术在内的多种陡坡生态修复技术作用后不同阶段陡坡土体和植被的动态变化过程。

植生袋陡坡生态修复技术能够在一定程度上修复陡坡的生态环境,改善陡坡坡面的稳定性。但其工程造价较高,不适合大面积应用。

## 2.3 生态混凝土生态修复技术

普通混凝土中的重要成分——水泥在发生水化反应的过程中会产生大量的氢氧化钙,使普通混凝土的酸碱度呈现为强碱性。这种强碱性能够在建筑工程中保护钢筋不被腐蚀,然而当普通混凝土应用于边坡防护时,强碱性会对植被的生长造成负面的影响。因此,研发一种兼具高保护强度与低碱性的混凝土成为了国内外学者的研究重点。1995年,生态混凝土的概念被日本学者提出,该混凝土通过特殊的材料与工艺制造,为多孔结构,具有良好的透气性和透水性,能够为植被提供一定的生长空间。同时,生态混凝土具有良好的环境友好性,减少了普通混凝土对环境带来的负面影响。

生态混凝土陡坡生态修复技术是将生态混凝土、植被种子、土壤、水等按照一定的比例混合后铺设在陡坡坡面上。铺设完成后，由于生态混凝土具有普通混凝土较高的黏附和强度性质，能够在陡坡坡面形成具有一定厚度的混凝土层。同时，由于植被混凝土为多孔结构，且具有良好的透水性和透气性，植被种子能够在混凝土层中发芽、生长，从而实现陡坡的生态修复。

目前，关于生态混凝土陡坡生态修复技术的研究主要集中于生态混凝土的配比及其力学性能、生态混凝土修复后陡坡的稳定性、生态混凝土修复后陡坡的水分运移规律以及植被发育等方面。

在生态混凝土的配比及其力学性能方面，谢非等[20]制备了不同孔隙率的生态混凝土，并对一定条件下生态混凝土的抗压强度和其对植被生长的影响进行了系统的研究。薛冬杰等[21]采用快速冻融技术对不同组分生态混凝土的孔隙率、孔径以及破坏过程进行了分析与研究，试验结果表明，粉煤灰的存在能够有效地提升生态混凝土的抗冻融能力。Li等[22]在生态混凝土中添加天然高吸水性聚合物（SAP），从而获得了具有良好抗冲刷性和保水性功能的生态混凝土材料，试验结果表明，SAP的加入使得生态混凝土的抗冲刷性增加了68.9%，保水性增加了11%。王可等[23]为减少生活污泥对环境的影响，利用生活污泥、膨润土、水泥等材料制备生态混凝土，并对其抗压强度、抗折强度和孔隙率的变化进行了详细的研究与分析。Pereira等[24]利用塑料纤维对生态混凝土的性质进行改良，结果表明，塑料纤维的存在增强了生态混凝土的抗压强度和抗拉强度，并建立了强度增长与纤维含量之间的数学预测模型。

在生态混凝土修复后陡坡的稳定性方面，张恒等[25]利用不同破坏模式下生态混凝土修复后边坡的剪应力-位移曲线，研究了降水对生态混凝土重度、冲刷作用和剪应力折减的影响，进而获取了生态混凝土修复后边坡的安全系数和位移变化关系。丁瑜等[26]基于Weibull分布建立了考虑围压和纤维含量的生态混凝土损伤本构模型，研究了Weibull分布参数与围压、纤维含量之间的关系。Cui等[27]基于SIR模型、采用能量法分析了添加聚丙烯纤维和聚乙烯醇-聚丙烯纤维的生态混凝土的损伤本构模型，并通过试验对其准确性进行了验证。

在生态混凝土修复后陡坡的水分运移规律以及植被发育方面，杨奇等[28]对不同水泥含量的生态混凝土修复后坡面的抗冲刷性进行了研究，试验结果表明，生态混凝土陡坡生态修复技术能够在一定程度上减小降水的冲刷。余飞等[29]模拟了暴雨条件下生态混凝土修复后坡面侵蚀的水动力学特征，建立了水动力学参数与土壤侵蚀量之间的关系。晏国顺等[30]对不同初始含水量的生态混凝土进行了干湿循环试验，试验结果表明，生态混凝土的开裂程度随着干湿循环次数的增加而增大。李天齐[31]对滴灌条件下生态混凝土修复后边坡的水分运移规律进行了研究,并总结了不同条件下生态混凝土的水理性质以及在湿润状态下的分布规律。

上述国内外学者的研究成果有力地推动了生态混凝土陡坡生态修复技术在陡坡生态修复中的应用,但在该技术的应用过程中依旧存在着一些尚未解决的问题,例如陡坡坡面的破碎程度、陡坡的坡高与坡度、陡坡岩性对生态混凝土应用效果的影响等。这些问题的存在对生态混凝土的应用形成了一定的制约。除此之外,由于生态混凝土的特殊性,植被的选择也会对陡坡的生态修复效果造成一定的影响。在使用生态混凝土陡坡生态修复技术时,需要充分考虑陡坡坡面岩体的破碎程度、结构面的发育特征、岩性、温度等对植被生长存在一定影响的地理条件,从而达到改善生态修复的效果。

## 2.4 客土喷播技术

1953年,美国Finn公司成功研制了世界上第一台土壤喷播机,它利用压力泵将土壤喷洒在指定的土地或岩体之上,这标志着陡坡生态修复进入了机械化的时代,也为客土喷播生态修复技术的出现奠定了技术基础。1960年,为了解决大量陡坡的生态修复问题,日本从美国引进了多台土壤喷播机,并从此开始了陡坡生态修复技术的研究。1973年,日本研制出纤维土绿化工法,该技术的诞生标志着客土喷播生态修复技术的开始。在这之后,纤维土绿化工法经过了多次的改进与发展,在20世纪80年代的日本得到了广泛应用。然而该技术存在着较为严重的问题:该技术喷播形成的土层呈现为较强的碱性,导致植被难以发育;由于喷播机技术限制,使用的土体为砂质土,易发生土体流失现象,进而导致修复工程的失效。为解决纤维土绿化工法存在的问题,日本学者在纤维土绿化工法的基础上进行了广泛的研究:为了解决土层碱性的问题,日本学者通过在土体中添加特殊的沥青乳化剂,使得土层呈现为适宜植被生长的中性;为了解决土体流失的问题,采用法国学者研发的连续纤维法对现有技术进行改进,形成了TG绿化工法,提高了土层的抗冲刷性。通过在纤维土绿化工法的基础上进行不断改进,如今的客土喷播生态修复技术逐渐成熟。

我国对客土喷播生态修复技术的研究始于1995年,李旭光、杜娟等[32-33]对日本的客土喷播生态修复技术进行了介绍。杨望涛等[34]首次将客土喷播生态修复技术应用于高速公路边坡的生态防护中。2001年,张俊云等[35-37]对客土喷播技术在岩石边坡生态修复中的应用、客土基质的组成以及客土基质的基本特性进行了详细的研究。从此,我国学者开始对客土喷播生态修复技术进行较为广泛的研究与应用。

目前,关于客土喷播生态修复技术的研究主要集中于客土基质的配置、客土基质力学性能与水理性能测试、客土基质对植被生长的影响以及客土喷播后陡坡的稳定性等方面。

在客土基质的配置方面,梅岭等[38]采用疏浚土作为主要材料,通过添加不同比例的PAM、SAP以及稻草配置客土喷播基质,并对不同配比客土基质的基本物理结构特征、水分特征和化学特征等进行了分析与评价。Zhou等[39]分析了不同配比条件下生物炭、有机材料以及泥炭土形成的客土基质中养分的变化规律。师海然[40]利用木质废弃材料、膨润土以及树脂材料配置不同配比的客土基质,并对客土基质的容重、孔隙度和土壤水分常数进行了测试与研究。刘冠宏等[41]采用北京地区壤土以及绿化废弃物堆肥等材料,配置了不同的客土基质,通过现场试验对不同客土基质的有效性进行了验证。邓川等[42]将工程渣土应用于客土基质的配置过程中,通过保水试验和强度试验分析了不同配比条件下客土基质的最优配比。

在客土基质力学性能与水理性能测试方面,陶玥琛[43]通过室内冲刷模型试验对客土喷播修复后边坡的抗冲刷性进行了研究,并基于水蚀预报模型定量分析了客土喷播修复后边坡的侵蚀特征。万黎明等[44]对不同厚度、坡度、温度以及基质配比条件下客土基质的蒸发过程进行了研究与分析,并建立了不同因素的影响分析模型。马显东等[45]通过无侧限抗压强度试验、三轴压缩试验、渗透试验,探究了不同纤维和黄土含量条件对客土基质强度和渗透性的影响。Xu等[46]对CMC、PAM和粉煤灰组成的客土基质的化学特性、养分含量以及机械性能进行了测试,并在高海拔地区对客土基质的生态护坡效果进行了现场试验。王丽等[47]分析了土壤中微生物的存在对客土基质物理结构的影响,研究结果表明,土壤中微生物的存在能够在一定程度上改善客土基质的物理结构。

在客土基质对植被生长的影响方面,汪益敏等[48]对客土喷播后边坡2003—2020年将近18年的植被类型和分布情况进行了详细的调查分析,结果表明,客土喷播修复后边坡的植被覆盖率能够长期保持在84%~96%,效果良好。Xerdiman等[49]对不同保水剂含量条件下客土基质养分流失过程和植被生长情况进行了研究,试验结果表明,保水剂能够有效提升客土基质中养分的含量,促进植被的生长。Li等[50]对不同地形条件下客土喷播后边坡表层植被的覆盖率进行了研究,试验结果表明,北向边坡的植被覆盖率明显优于南向边坡。贾东延[51]利用层次分析法对使用表土配置的客土基质中植被生长过程的相关参数进行了研究与分析。乔领新等[52]对两种不同客土基质在喷播1年后植被生长的类型和生长状态进行了分析,并建立了客土基质中不同养分随时间变化的数学模型。

对于客土喷播后陡坡的稳定性,张恒和苏超[53]基于GA模型和质量守恒定律对降雨条件下喷播后边坡表层的稳定性进行了研究,建立了用语言描述界面破坏特征的剪切应力-位移模型。徐黎明和赵晓萌[54]对地震和降水工况下,客土喷播后陡坡的稳定性和破坏模式进行了研究,确定了存在地震和坡面渗流作用下的客土稳定性数学通式。王亮等[55]采用无限坡模型对客土喷播后边坡的稳定性进行分析,建立了各种情况下的客土边坡稳定性图表。

上述国内外学者的研究成果有力地推动了客土喷播生态修复技术在陡坡生态修复中的应用。但在该技术的应用过程中发现了一定的问题,例如客土基质在外力作用下发生大面积剥落、喷播后植被发育状态较差、适用边坡的坡度较小等。这些问题的存在对客土喷播生态修复技术的应用形成了一定的制约。

# 第3节
# 高陡岩质边坡生态修复现状及存在问题

## 3.1 我国高陡岩质边坡生态修复现状

"十四五"期间,随着国土绿化行动的大规模开展,工程开挖导致大量的裸露岩质边坡。裸露岩质边坡的坡面因长时间的风化而导致岩石破碎,危岩浮石遍布,在降雨和外部力量作用下,易发生坍塌、滑坡等自然灾害,对人民生命财产安全造成威胁。同时,这类岩质边坡由于坡面风化程度过大、水土流失严重,缺乏植被生长的适宜条件,导致边坡所在区域生态恢复缓慢。据统计,全国共有各类历史遗留矿山35万处,其中,小型矿山26万多座,占地面积约35万平方千米,其中已治理恢复的仅占30%。

岩坡生态修复作为生态文明建设的重要组成部分,受到了广泛关注和高度重视。为了深入贯彻落实习近平总书记生态文明思想,我国正大力推进山水林田湖草沙一体化保护和修复工作,旨在夯实区域绿色发展的生态基础,助力国家重大战略的顺利实施。岩坡生态修复对维护生态平衡、防治水土流失、减少地质灾害、改善环境质量以及促进生态旅游和地方经济发展具有重要意义。通过对岩坡生态进行修复,可以有效地恢复和增强生态系统的自我修复能力和稳定性,为实现绿色发展和可持续发展提供坚实的生态基础。

目前我国常见的岩质边坡生态修复技术主要包括以下几种:

1. 喷播生态修复技术

利用湿式喷播技术,辅以工程手段,在荒地或被破坏的岩质、土质坡体上建植木本植物群落。这种技术不仅具有基本的坡面防护功能,还能恢复被破坏的生态环境,培育出稳固的边坡和与周边环境和谐统一的植被,有效地防止水土流失、恢复生态平衡、净化空气、美化景观、保护环境。

2. 水泥抹面生态修复技术

受气候和地形等因素的制约,该技术仅作为一种暂时性的保护手段,无法对水土流失和泥石流等自然灾害起到预防作用。且在温度较低、昼夜温差较大、紫外线强烈的地方,混凝土的收缩会加重,从而产生一系列的问题,如空心、龟裂、脱落、二次危害等。

3. 生态草毯铺设生态修复技术

适用于土壤、地基、岩石、土地或者任何与岩土工程相关的有渗透性的植物纤维毯。由于使用的草籽适应边坡性强、成活率较高,养护一周左右便开始扎根生长,具有省时、省力等特点。

4. 植被混凝土生态修复技术

采用特定的混凝土和种子配方,对岩质边坡进行防护和绿化。将植被混凝土原料搅拌后喷射到坡面,覆盖一层无纺布防晒保湿,为植物提供一个良好的生长环境。混凝土绿化助剂不仅能够增强边坡的抗冲性能,还能够防止基体层开裂,为植物生长创造有利条件。

5. 其他生态修复技术

如生态袋绿化、挂网爬藤绿化等。岩质边坡几乎没有植物生长的条件,这些修复技术通过选取挂网爬藤等根系发达植物,能够在岩质边坡上快速形成绿化层,达到绿化效果。

## 3.2 存在问题

通过对岩质边坡生态修复现状进行资料分析及现场调研,发现目前岩坡生态修复技术存在的主要问题是坡面加固基材无法提供有利于植被生长的环境,植被生长的基材缺少,表层土体抗冲刷能力弱,坡面基材流失严重,喷洒基材保水能力差,等等。此外,植被主要为1年生草本,未发现乔灌木,种类单一,影响了生态环境恢复效果。边坡复绿效果见图1-1。

图 1-1　边坡复绿效果图

另外，目前岩质边坡生态修复需求巨大。以江苏省为例，据统计，截至 2022 年，江苏省历史遗留废弃矿山造成的未治理边坡面积约 11 226.2 公顷，其中徐州、连云港、镇江、无锡、南京五市约有 9 719.49 公顷，占全省未治理面积的 86.58%。按照《"十四五"历史遗留矿山生态修复行动计划》的任务分配，2023—2025 年全省需完成治理面积 5 093 公顷，上述五市需完成治理面积 4 408 公顷，占全省任务的 86.55%，时间紧任务重。如何有效地实现裸露岩坡的生态自修复是一项紧迫而又十分重要的课题。

# 第 2 章

# 客土基材组分

# 第1节
# 客土基材组分介绍

客土护坡是将土、草种、肥料、黏结剂、保水剂等制成客土基质,采用喷播机多层次喷射,在边坡坡面形成适宜植被生长的客土层。这种方法可以培育出稳固边坡并与当地自然环境相和谐的植被,有效恢复因工程建设而破坏的自然生态环境,已在国内外边坡工程中得到推广和应用,积累了丰富的工程经验和研究成果。但是基于现有客土喷播技术所喷播的客土层易发生滑落,其主要原因为土颗粒之间的黏结力不足以让其在大坡度(55°以上)岩质边坡上保持稳定,在外界侵蚀力(降水、风力等)作用下,客土层水土流失,破坏生态环境。如何有效地增加土体颗粒间的黏结力,在土体颗粒的表层形成连续或者非连续网状结构将土体颗粒牢固地黏结在一起,是防止客土层水土流失的核心问题。

作为土壤修复技术的重要方式,客土喷播生态修复技术被广泛应用于裸露矿山的生态修复工程之中,且形成了相对系统的施工体系。根据正在实施项目所处的地理位置及边坡岩性,选定两处(两个项目)开展调研。项目具体情况见表 2-1。调研内容主要包括施工工艺、客土基材的组分和配比。

表 2-1 正在实施项目调研基本情况汇总表

| 序号 | 项目名称 | 项目规模 | 主要工艺 | 实施时间 | 基材类型 |
| --- | --- | --- | --- | --- | --- |
| 1 | 废弃露采矿山环境综合治理工程 | 修复面积 $13.7×10^4$ $m^2$ | 挂网客土喷播 | 2019.4 | 常规客土基材、高次团粒客土基材 |
| 2 | 关闭矿山地质环境治理项目 | — | 挂网客土喷播、挂网喷射 CBS 混凝土 | 2019.1 | 高次团粒客土基材、CBS 混凝土基材 |

## 1. 废弃露采矿山环境综合治理工程

1) 客土基材的组分

高次团粒客土基材所需材料及相应配比见表 2-2(按照成形后客土厚度 6~10 cm 配比)。

表 2-2 高次团粒客土基材材料及相应配比汇总表

| 材料名称 | | 配比量(每平方米) |
|---|---|---|
| 培养基<br>(底基层 5~7 cm) | 种植土 | 45 L |
| | 草炭 | 10 L |
| | 锯末 | 10 L |
| | 稻草纤维 | 1 500 g |
| | 钙镁磷 | 15 g |
| | 复合肥 | 10 g |
| | 高次团粒剂(底基层) | 20 g |
| 培养基<br>(种子层 5~7 cm) | 种植土 | 30 L |
| | 泥炭 | 10 L |
| | 稻草纤维 | 1 000 g |
| | 复合肥 | 50 g |
| | 钙镁磷 | 10 g |
| | 木纤维 | 200 g |
| | 高次团粒剂(面层) | 10 g |
| | 种子 | 30~40 g |
| 镀锌铁丝网 | | 用网孔 6 cm×6 cm,粗 2 mm |
| 钢筋锚杆 | | 800~1 000 g |

2) 基材配比

现场经过调查获得了高次团粒客土基材的组分配比,并对搅拌后的客土基材及其组分进行取样,包括:搅拌后客土基质 1 袋、黏土 10 袋、泥炭土 8 袋、带有天然岩面的岩块 20 块、高次团粒 5 kg、保水剂 2 kg、草纤维 2 袋、复合肥 10 kg、混合种子 1 kg（紫穗槐或刺槐、紫花苜蓿、马尼拉、马棘、火棘等）。各材料照片见图 2-1～2-8。

图 2-1　带有天然岩面的岩块

图 2-2　现场搅拌后的客土基质

图 2-3　黏土

图 2-4　泥炭土

图 2-5　高次团粒

图 2-6　保水剂

图 2-7　稻草纤维

图 2-8　混合种子

**2. 关闭矿山地质环境治理项目**

该工程边坡岩性为志留系中统茅山组石英砂岩夹粉砂质泥岩（$S_2m$），青灰—灰黄色夹紫红色条纹，石英砂岩为中厚层，节理裂隙发育，隙宽 1～3 mm，裂隙被铁锰质浸染。岩芯较破碎，呈短柱状，偶见长柱状。岩块坚硬，小刀不能刻划，锤击声清脆，振手，岩石质量指标（RQD）45%～50%，工程岩体分级为Ⅲ级。其间夹薄层灰白—青灰粉砂质泥岩，属软岩，遇水易软化，工程岩体分级为Ⅴ级。

现场调研对坡度与坡高大的岩质边坡，采用 CBS 混凝土喷射技术；对坡度与坡高相对较小的岩质边坡，在挂网后采用高次团粒客土喷播技术。客土基质组分主要包括黏土、稻壳、木屑、泥炭土、高次团粒等材料，这些材料在有机高性能团粒机中充分混合成泥浆状，再通过高压喷射将其附着于岩质边坡表面。各材料照片见图 2-9～2-12。

图 2-9　稻壳

图 2-10　木屑

图 2-11 泥炭土　　　　图 2-12 高次团粒

# 第 2 节
# 客土基材黏结剂

客土基材的核心成分主要是黏结剂,目前常用的黏结剂由高次团粒、PAM、聚醋酸等材料组成,然而市面上传统的黏结剂存在黏附性能不足、抗侵蚀能力弱以及抑制植被生长等问题。因此,需要根据陡立岩坡的生态地质特征,研制新型的客土基材黏结剂,以实现陡立岩质边坡的生态复绿。

## 2.1 有机高分子聚合物研制

有机高分子聚合物通过表面活性剂改变土粒表面亲水性,或利用聚合物形成网状结构包裹、胶结土粒,改善土体微观结构,提高土体强度、增强土体抗变形能力、抗渗透性及抗冲刷能力。并且,由于具有掺入量较少、运输方便、施工简单、效果稳定、生态环保等优点,它成为国内外的研究热点。在目前常用的有机高分子聚合物中,聚丙烯酸盐和醋酸乙烯两种聚合物与土体混合后,易发生吸水软化现象,进而导致水土流失;聚乙烯醇(PVA)聚合物及其他混合有机高分子聚合物与土体混合后,土体的保水性下降,失水后会导致土体表面出现裂缝,进一步加速水分进入土体深部,造成水土流失。

针对以上问题,在充分调查美国、日本等国家的几个新案例之后,结合一些现有产品及其优缺点,对有机高分子聚合物的研制可提出如下的要求:

1)选择柔顺性好、弹性优异且具备良好的高低温适应性和耐老化性的高分子聚合物用作主剂。在同等硬度条件下,高分子聚合物具备更强的强度承载能力。

2)从生态环境友好的角度出发,考虑使用水性高分子聚合物代替常规的溶剂型高分子聚合物,这不仅能大大方便施工,还能降低生产成本。

3) 利用高分子配方与性能灵活调控的特点,引入便于降解的软段成分(图2-13),制备可控生物降解的水性高分子聚合物。

图 2-13　聚合物分子结构软硬段模型

高分子聚合物是在大分子主链中含有氨基甲酸酯基的聚合物,主要由有机多元异氰酸酯和端羟基化合物合成,合成过程包括预聚反应、扩链反应和固化反应。预聚反应生成含有异氰酸基端基(—N═C═O)的低聚体,而扩链反应仅与预聚体的端基有关,反应完成后相对分子量增加。固化反应是将聚合物的分子结构从线型结构变为体型结构,但是由于反应条件和二异氰酸酯的种类不同,聚合物的结构可能会有较大差异。由于聚合物中带有的基团为强极性基团,所以聚合物有较高的氧化稳定性、较好的回弹性以及耐磨、耐疲劳等特点,同时满足无污染及节约能源的要求。因此,其产品被广泛应用于建筑材料、电器、家具等行业。随着新型技术的不断发展,聚合物作为一种高分子材料也逐渐被应用到土体加固领域中。

采用的有机高分子聚合物为改良后的水性有机高分子聚合物(简称聚合物),主要成分包含重复基团的树脂(—NH—COO—)、大量官能团(—NCO)和亲水基团(—NH)。该聚合物主要是由有机二异氰酸酯或多异氰酸酯与二羟基或多羟基化合物加聚反应而成的高分子化合物,合成过程如图2-14所示。

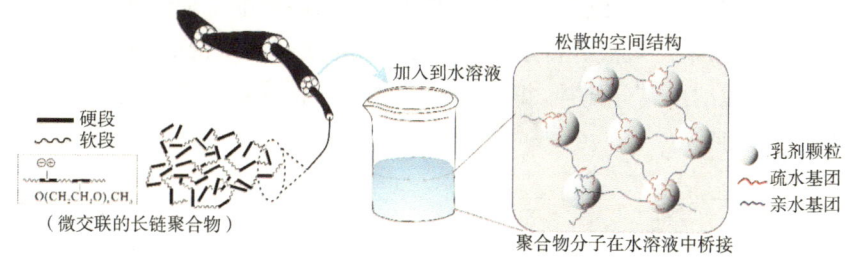

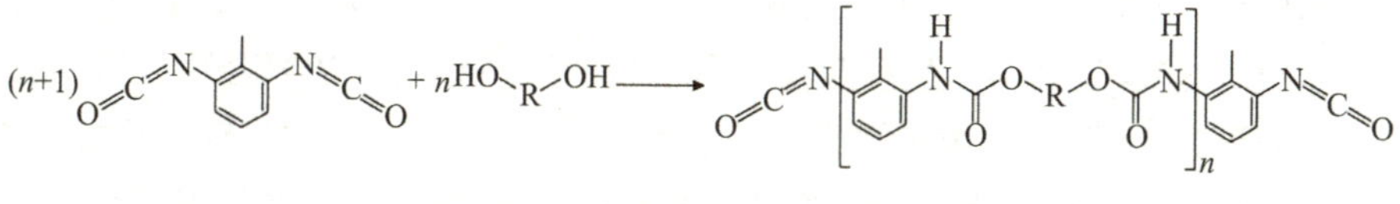

图 2-14　有机高分子聚合物合成示意图

具体制备过程如下:首先在反应容器中加入分子量为 2 000 的聚合物多元醇、分子量为 1 000 的聚 ε-己内酯二醇及 200 mL 甲苯,在高温条件下搅拌,使聚合物多元醇从晶相完全转变为液相。然后进行常压蒸馏,当甲苯临近蒸干时改为减压蒸馏,以完全去除体系中的水和甲苯。待反应体系降至常温后,通入高纯氮气并进行油封。接着向容器中加入甲苯二异氰酸酯,再次加热并搅拌让其反应2小时,得到预聚体。最后在常温条件下加入醋酸乙酯以降低预聚体黏度,搅拌均匀后形成预聚体溶液。待溶液稳定后,加入预聚体质量2%的表面活性剂(十二烷基硫酸钠),充分搅拌,得到呈淡黄色透明油状的有机高分子聚合物液体,如图2-15所示。

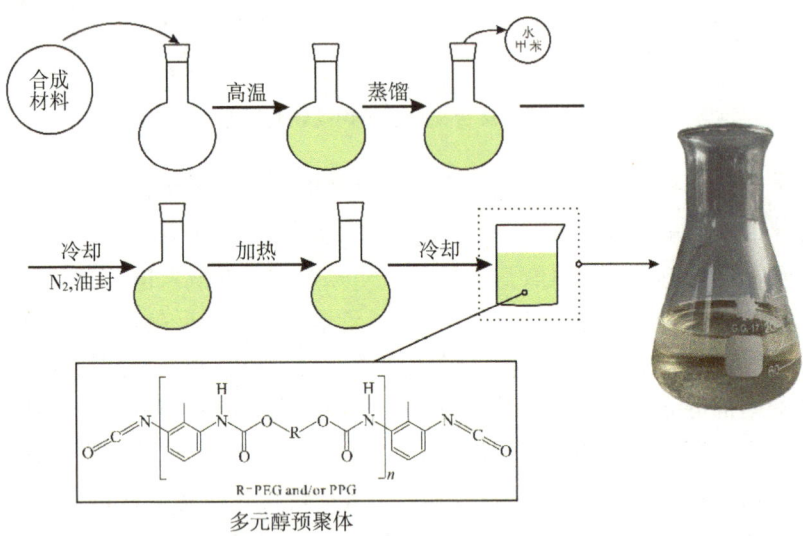

图2-15 有机高分子聚合物合成示意图

## 2.2 高分子聚合物基本物理性质

合成得到的聚合物如图2-16所示,它是一种淡黄色的透明油状液体,其基本物理性质如表2-3所示。聚合物的密度为1.18 g/cm³,黏度为650～700 mPa·s,抱水性大于40倍,酸碱度整体呈现为中性,固含量大于90%。遇水后,聚合物能够快速与水发生反应,形成乳白色、质地均匀的聚合物乳液,其反应过程如图2-16所示。由于在合成中添加了2%的表面活性剂,反应形成的乳液能够保持一定时间的稳定。随着时间的不断推移,乳液中的水分逐渐蒸发,乳液逐渐转换为具有一定弹性的固体。该聚合物能够以任意比例与任意水质状态下的湿环境混合并反应,具有良好的耐久性。除此之外,聚合物具有良好的环境友好性。聚合物中的异氰酸酯官能团(—NCO)对水具有较强的敏感性,减少了聚合物在各类水体中的残留。同时,聚合物在应用时的用量较小,且与水反应后形成的最终产物为固体,不溶于水。发生自然降解的最终降解产物为氮气($N_2$)、二氧化碳($CO_2$)和水,对周围环境危害性极低。

表2-3 聚合物基本物理性质

| 颜色 | 状态 | 密度(g/cm³) | 黏度(mPa·s) | 抱水性/倍 | pH值 | 固含量(%) |
|---|---|---|---|---|---|---|
| 淡黄色 | 油状液体 | 1.18 | 650~700 | >40 | 7 | >90 |

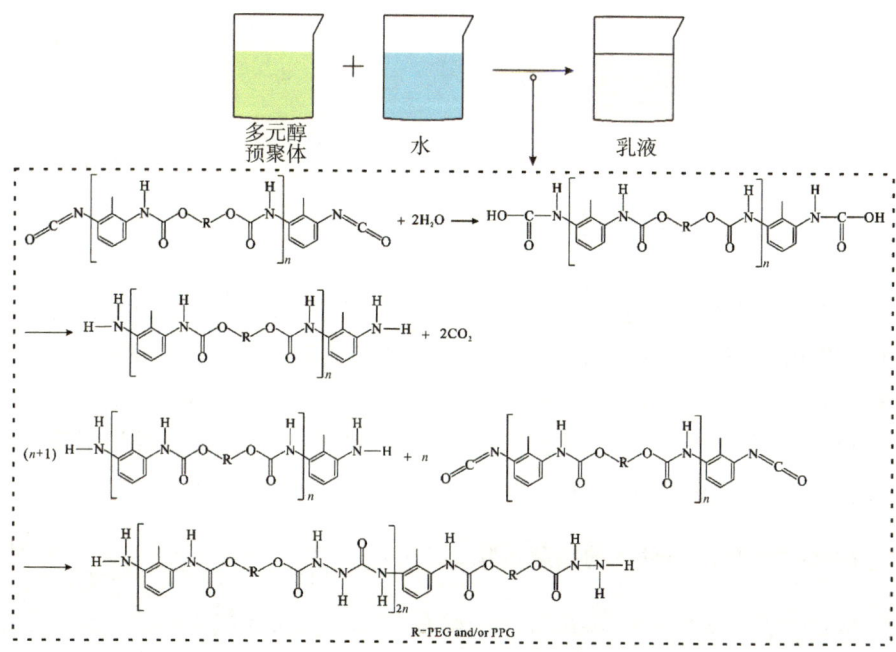

图2-16 聚合物与水反应过程

# 第3节
# 高分子聚合物特性测定

## 3.1 高分子聚合物黏度特性

黏度是评价有机高分子性能的重要参数,对其应用范围和应用方法具有决定性的作用,尤其是在土体改良领域,黏度对土体改良效果具有显著影响。当黏度较大时,有机高分子难以与土体均匀混合或渗透到土体内部,进而影响改良效果;当黏度较小时,有机高分子难以附着在土颗粒表面,导致改良效果下降。因此,适宜的黏度对有机高分子的应用效果十分重要。

**1. 不同稀释度条件下的黏度试验**

聚合物多在稀释后应用,因此不同稀释度条件下聚合物的黏度对其应用过程存在着较大的影响,需对不同稀释度条件下聚合物的黏度进行研究与分析。在试验过程中取等量的聚合物与蒸馏水进行混合并配置为不同稀释度($D_{di}$)的聚合物乳液。试验中,稀释度($D_{di}$)分别设置为 0%、5%、10%、15%、20%、25%、30%、35%、40%、45%、50%、60%、70%、80%、90%、100%、120%、140%、160%、180%、200%、250%、300%、350% 和 400%。稀释度($D_{di}$)的定义如式(2.1)所示:

$$D_{di} = \frac{m_w}{m_p} \times 100\% \tag{2.1}$$

式中,$D_{di}$ 为稀释度(%);$m_w$ 为水的质量(g);$m_p$ 为聚合物的质量(g)。

在本试验中 $m_p = 40$ g。配置好的聚合物乳液置于烧杯中进行黏度测试,试验结果如图 2-17 所示。由图 2-17 可知,随着稀释度的不断增大,聚合物乳液的黏度呈现出先快速下降、再逐渐稳定并趋向于 0 的变化趋势。当稀释度为 0% 时,聚合物乳液的黏度为 702 mPa·s。当稀释度达到 50% 时,乳液的黏度为 106 mPa·s,仅为稀释度 0% 时黏度的 15.10%。

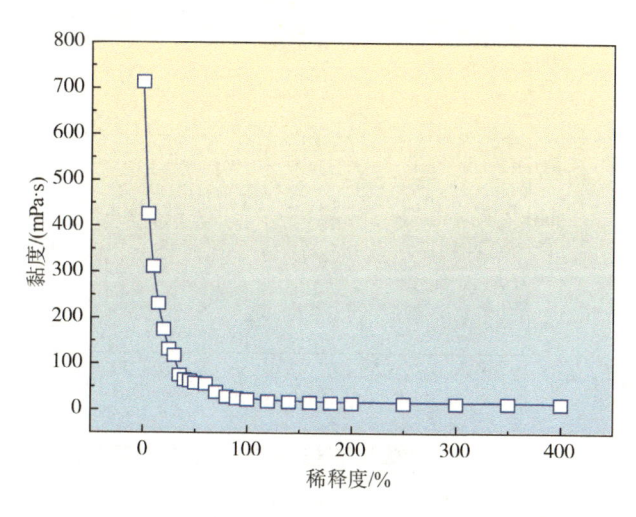

**图 2-17 聚合物黏度与稀释度的关系曲线**

### 2. 不同酸碱度(pH 值)条件下黏度试验

在聚合物应用中,酸雨等因素会使土体的酸碱度发生变化,进而影响聚合物的黏度和土体的改良效果。因此,需对不同酸碱度(pH 值)条件下聚合物的黏度进行研究与分析。在试验过程中,取一定量的聚合物与蒸馏水混合配置为聚合物乳液,将其均分为两份。取其中一份,向其中逐步滴入稀盐酸并在连续搅拌的条件下测定其 pH 值与黏度,直至 pH 值为 1。在另一份中不断滴入 $NH_3·H_2O$ 溶液,并在连续搅拌的条件下测定其 pH 值与黏度,直至 pH 值为 12。试验结果如图 2-18 所示。

由图可知,随着 pH 值的不断增加,聚合物乳液的黏度先整体增加,当 pH 值约为 8 时,聚合物乳液的黏度达到最大值。随后,聚合物乳液的黏度随着 pH 值的增加逐渐降低。

## 3.2 高分子聚合物凝固特性

由图 2-19 可知,0% 和 1% 浓度的试样在整个试验期间没有发生凝固,其余浓度试验均发生了凝固,且随着浓度的不断增加,凝固时间不断缩短。当浓度达到 20% 时,试样的凝固时间缩短至 230 s,为 2% 试样凝固时间的 47.92%。

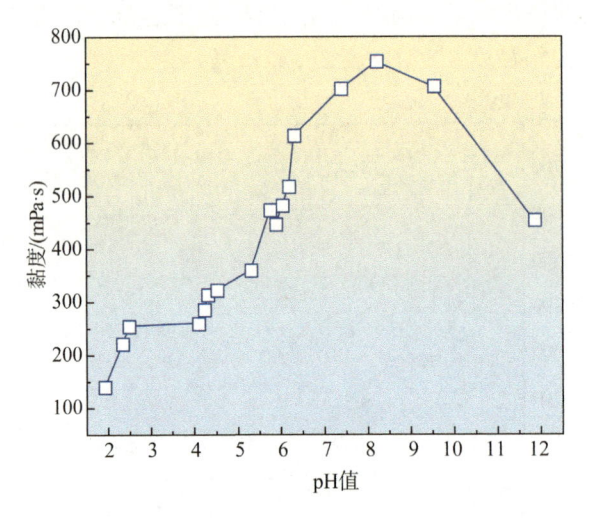

图 2-18　聚合物黏度与酸碱度(pH 值)的关系曲线

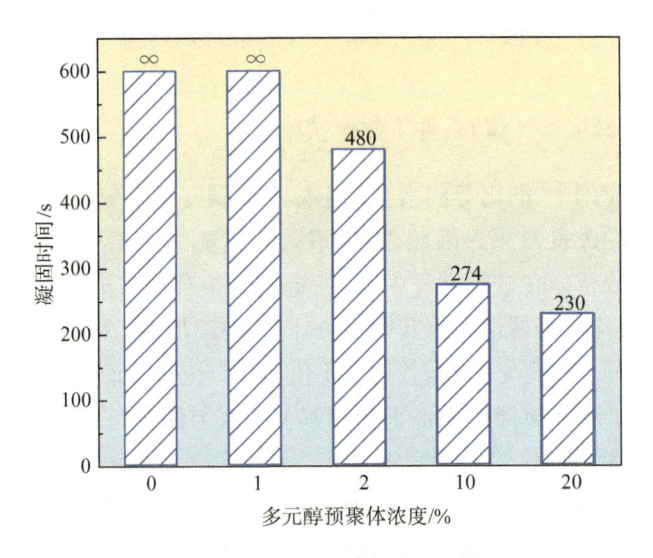

图 2-19　聚合物凝固特性试验结果

# 第4节
# 高分子聚合物混合土的物理性质与微观结构

## 4.1 混合土物理性质

**1. 界限含水率试验**

通过液塑限联合测定法对聚合物混合土进行界限含水率测试,对不同浓度条件下聚合物混合土的液限、塑限以及液性指数进行测定与分析。

试验中,将1 000 g风干粉碎的黏性土过0.5 mm土工筛后均分为5份,每份200 g,分别对应0%、1%、2%、10%、20%的聚合物浓度。每份土体再均分为3小份,每小份土体按照接近液限、塑限和中间状态称取蒸馏水,并按照设定的聚合物浓度称取聚合物。将每小份土体与水、聚合物混合均匀后调制成均匀的土膏,并将土膏充分搅拌,填入液塑限联合测定仪的试样杯中。根据《土工试验方法标准》(GB/T 50123—2019)的要求,完成液塑限联合测定试验,并绘制不同浓度客土基质圆锥下沉深度与含水率的关系曲线,如图2-20所示。

由图2-20可知,随着聚合物浓度的不断增加,试样的圆锥下沉深度与含水率关系曲线逐渐向右侧移动。当聚合物的浓度由0%增加到1%时,关系曲线的右移程度最大,其余右移程度随着聚合物浓度的增加而逐渐降低。聚合物的存在使得达到相同圆锥下沉深度时,混合土需要更高的含水率,即聚合物的存在增强了黏性土的黏性,增大了圆锥进入土体时受到的阻力。随着聚合物浓度的增加,提升效果逐渐降低。

根据图2-20计算不同聚合物浓度混合土的液限、塑限和液性指数,计算结果如图 2-21 所示。由图 2-21 可知,随着聚合物浓度的增加,试样的液限、塑限和液性指数均逐渐增大,增大的幅度存在一定差异。混合土的液限和液性指数的增长幅度呈现出先大后小的趋势。当聚合物浓度由 0% 提升至 1% 时,混合土的液限和液性指数增长幅度最大。当聚合物浓度进一步提升时,混合土的液限和液性指数增长幅度较小。随着聚合物浓度的增加,混合土塑限的增长幅度呈现出相对稳定的趋势,保持在 1%～2%。

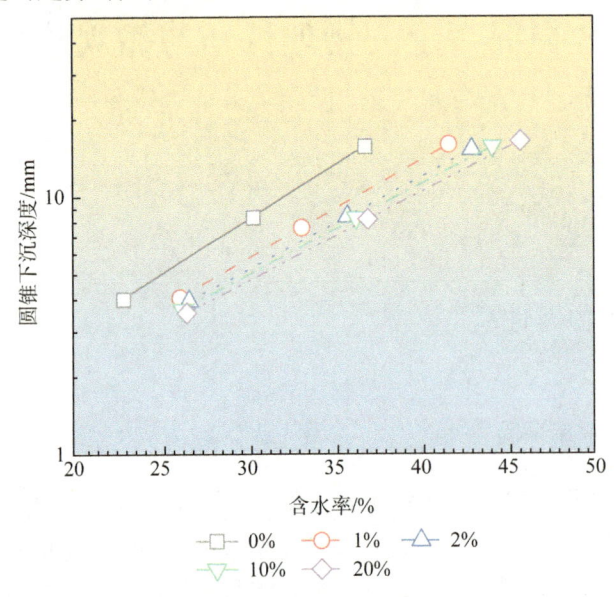

图 2-20 客土基质圆锥下沉深度与含水率关系曲线

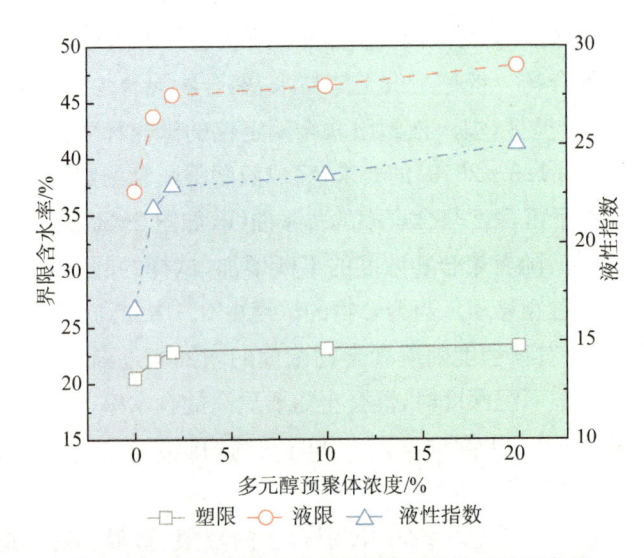

图 2-21 混合土界限含水率与聚合物浓度关系曲线

## 2. 击实试验

通过击实试验对聚合物混合土进行测试,对不同浓度条件下聚合物混合土的最优含水率和最大干密度进行测定与分析。

试验中,将风干粉碎的黏性土过 0.5 mm 土工筛后均分为 5 份。每份对应一个聚合物浓度。试验中,聚合物浓度设置为 0%、1%、2%、10%、20%。每份土体再均分为 6 小份,每小份土体间的含水率间隔设置为 2%,质量为 20 kg。根据《土工试验方法标准》(GB/T 50123—2019)称取蒸馏水,并按照设定的聚合物浓度称取聚合物。将每小份土体与水、聚合物混合均匀。试验中土样分三层倒入击实筒中,每层进行 25 次锤击。完成击实后,绘制不同聚合物浓度混合土的击实曲线,如图 2-22 所示。根据不同聚合物浓度混合土的击实曲线可以计算不同浓度聚合物混合土的最优含水率和最大干密度,取均值后的计算结果如图 2-23 所示。

由图 2-22 可知,随着聚合物浓度的增加,混合土的击实曲线逐渐向右下方移动,曲线的峰值干密度也逐渐降低。当试样的含水率相同时,不同浓度混合土的干密度随着浓度的增大逐渐减小。其中,当聚合物浓度由 0% 增长至 1% 时,试样干密度降低幅度较大;当聚合物浓度进一步提升时,试样干密度降低幅度较小。

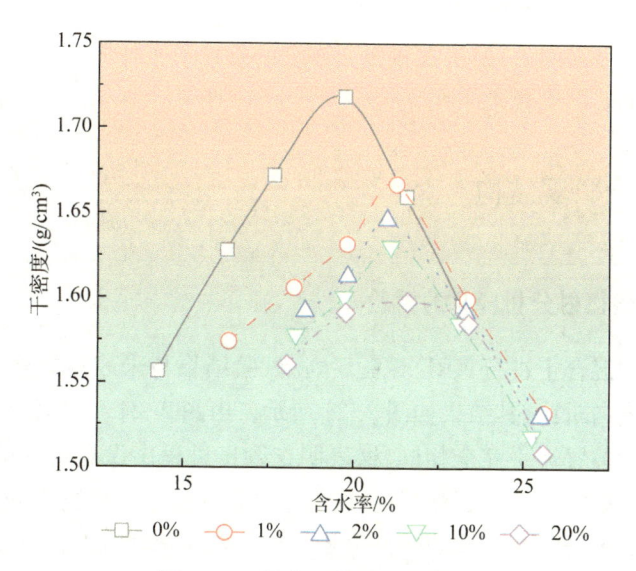

图 2-22 混合土基质击实曲线

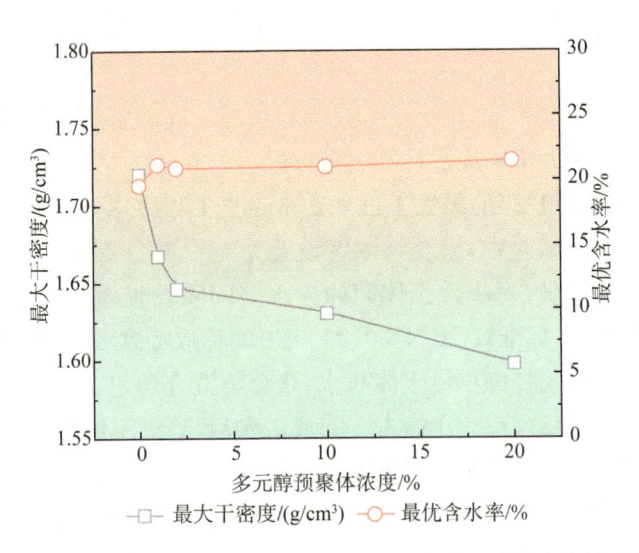

图 2-23　混合土最大干密度与最优含水率随聚合物浓度变化关系曲线

由图 2-23 可知,随着聚合物浓度的增加,混合土的最优含水率在 19%～22% 范围内波动,变化幅度较小。而最大干密度则随着聚合物浓度的增大逐渐减小。当聚合物浓度由 0% 增加至 20% 时,混合土的最大干密度由 1.72 g/cm³ 下降至 1.60 g/cm³,降幅为 6.98%。聚合物的存在增强了土颗粒之间的连接,从而导致高浓度聚合物混合土最大干密度的降低。而聚合物增强了客土基质的吸水能力,使得在较低干密度的条件下土体的含水率相对较高,进而造成混合土的最优含水率变化较小。

## 4.2　混合土微观结构

**1. X 射线衍射分析(XRD)试验**

对聚合物混合土进行 XRD 试验后,将试验结果与未改良黏性土的 XRD 试验结果进行横向对比,其结果如图 2-24 所示。由图 2-24 可知,混合土与未改良黏性土的衍射位置近乎完全相同,这表明在改良过程中没有新的矿物生成。混合土中主要的矿物为斜长石和石英,这与未改良黏性土的矿物成分类型相同,数量分布相近。聚合物对土体的改良主要是利用自身化学特性在土颗粒之间形成新的物理-化学连接,从而达到改变土颗粒表面结构特征与提高土体整体结构完整性的目的。

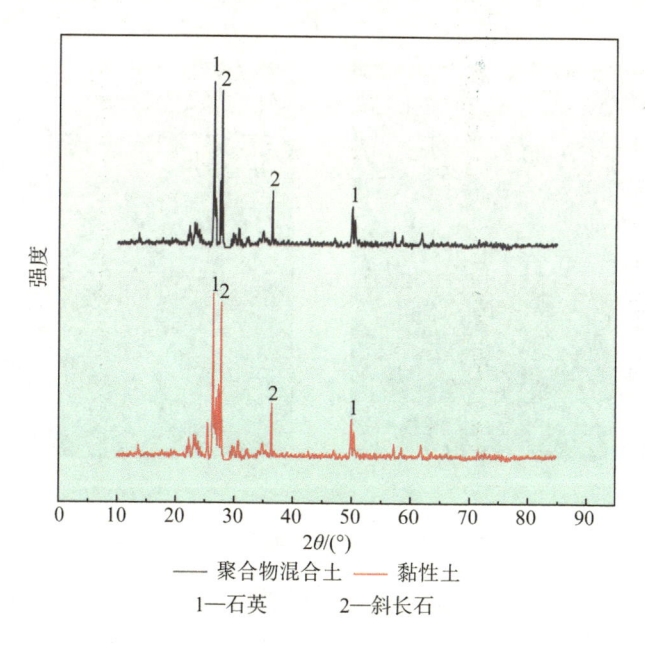

图 2-24　混合土与黏性土 XRD 衍射图谱

## 2. 扫描电子显微镜分析(SEM)试验

1) 试验原理与试验方案

对不同浓度(0%、1%、2%、10%)聚合物混合土进行 SEM 试验,试验结果如图 2-25 所示。由图 2-25 可知,随着聚合物浓度的增加,试样微观结构的完整性逐渐提高。对比图 2-25(a)和图 2-25(b)可以发现,聚合物能够在土颗粒表面形成一层薄膜状结构,这些薄膜状结构将土颗粒包裹,改变了土颗粒表面的结构特征。

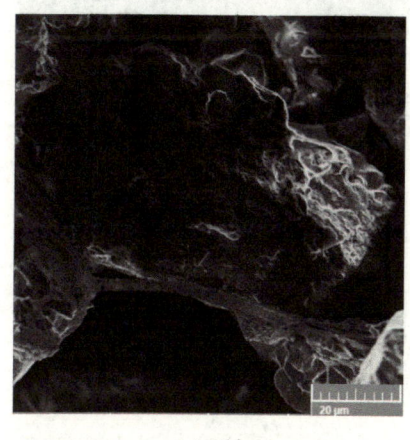

(a) 0% 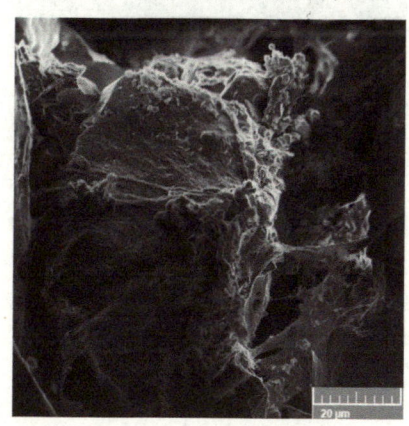　　　　　　　　　(b) 1%

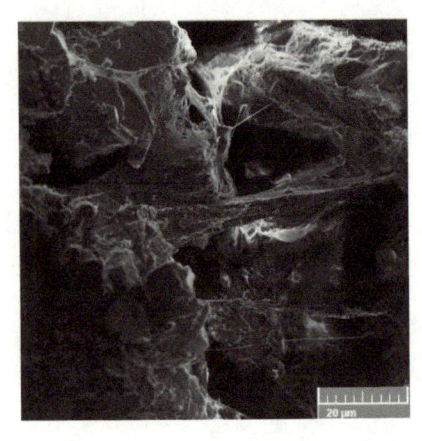

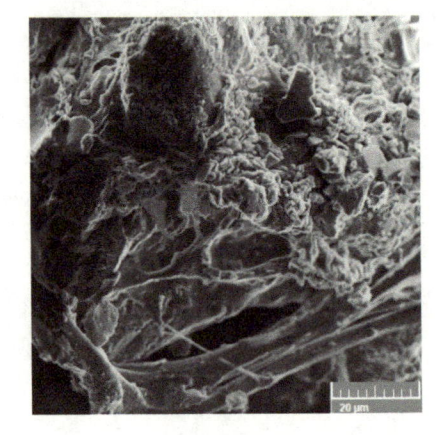

(c) 2%　　　　　　　　　　　　　(d) 10%

**图 2-25　不同聚合物浓度混合土的 SEM 图像**

如图 2-25(d)所示，随着聚合物浓度的提高，这些薄膜状结构的数量不断增多，使得一部分薄膜状结构在土颗粒之间的孔隙中相互聚集、连接，从而在土体内部形成一个网状空间结构。这些网状空间结构将相邻的土颗粒连接为一个整体，从而提高了土体内部结构的整体性。

对 20%聚合物混合土试样在不同放大倍数下进行 SEM 试验，其结果如图 2-26 所示。根据图片可以进一步观察到土颗粒之间的孔隙被聚合物形成的薄膜状结构填充，土颗粒之间存在着由薄膜状结构形成的拉丝状连接，这些都在较大程度上改善了黏性土的内部结构，增强了黏性土的整体性。

(a) 放大 60 倍　　　　　　　　　　(b) 放大 400 倍

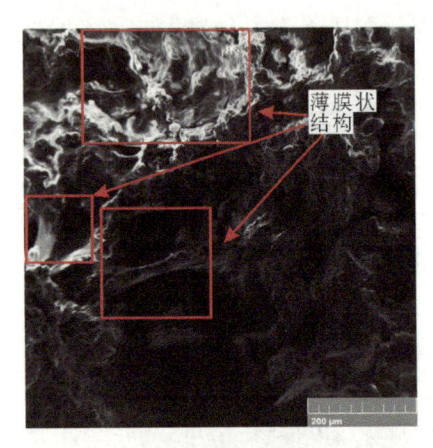

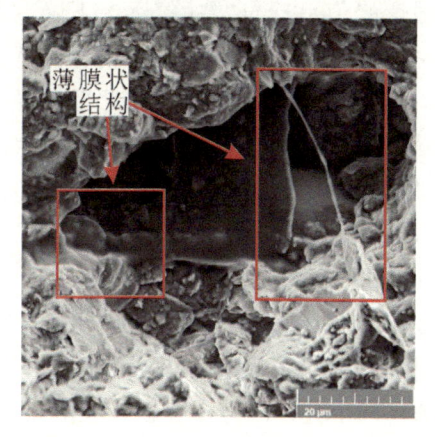

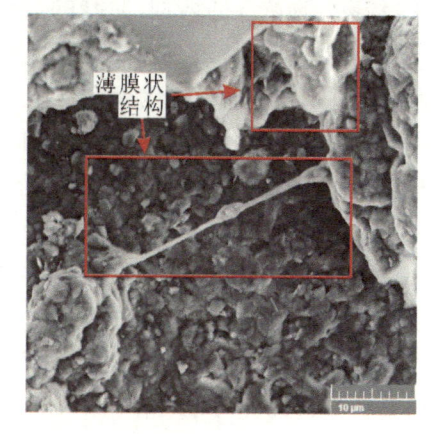

(c) 放大 2 000 倍　　　　　　　　(d) 放大 3 000 倍

**图 2-26　不同放大倍数下混合土的 SEM 图像**

### 3. 核磁共振分析(NMR)试验

对饱和后不同浓度的聚合物混合土进行 NMR 试验,试验结果如图 2-27 所示。由图 2-27 可知,不同浓度聚合物混合土具有相近的横向弛豫时间($T_2$)曲线。各试样的信号强度随时间的变化均先快速升高,再快速下降,紧接着再次升高与下降,最后逐渐趋向于 0 a.u.。各曲线均存在两个明显的"山峰",分别出现在 0.05～7 ms 以及 7～50 ms。对比不同浓度聚合物混合土的 $T_2$ 谱图可以发

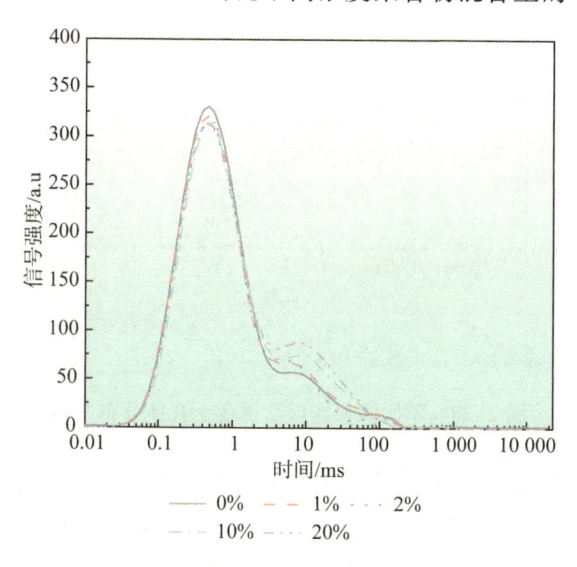

**图 2-27　混合土 $T_2$ 谱图**

现,随着聚合物浓度的增加,曲线的信号强度峰值呈现出"左峰"逐渐下降、"右峰"逐渐上升的趋势,这表明随着聚合物浓度的增加,饱和后试样中的孔隙逐渐增大。这种现象主要是因为聚合物在土体内部形成薄膜状结构能够吸收并储存一部分的水分,从而造成薄膜状结构体积膨胀,进而影响混合土内部孔隙的大小和分布。随着聚合物浓度的增大,混合土内部的薄膜状结构数量增加,从而造成较高浓度聚合物试样的 $T_2$ 谱图"左峰"逐渐下降、"右峰"逐渐上升。

对不同浓度聚合物条件下各试样的 $T_2$ 谱图进行计算与转化,可以获得不同浓度聚合物条件下各试样中孔径的分布曲线图,如图 2-28 所示。由图 2-28 可知,各试样孔径的分布规律大致相同,均为较为明显的双峰结构,试样中孔隙大小主要为 0.01 μm 和 0.5 μm,孔隙在两个孔径的分布存在较大的差异。随着聚合物浓度的增加,试样中 0.5 μm 孔隙逐渐增多。当聚合物浓度为 0% 时,试样中 0.5 μm 孔隙的占比约为 0.03%;而当聚合物浓度增加至 20% 时,试样中 0.5 μm 孔隙的占比也随之增加至 0.1%。试样中 0.01 μm 孔隙随着聚合物浓度的增加呈现出一定的减少趋势,但整体变化幅度较小。

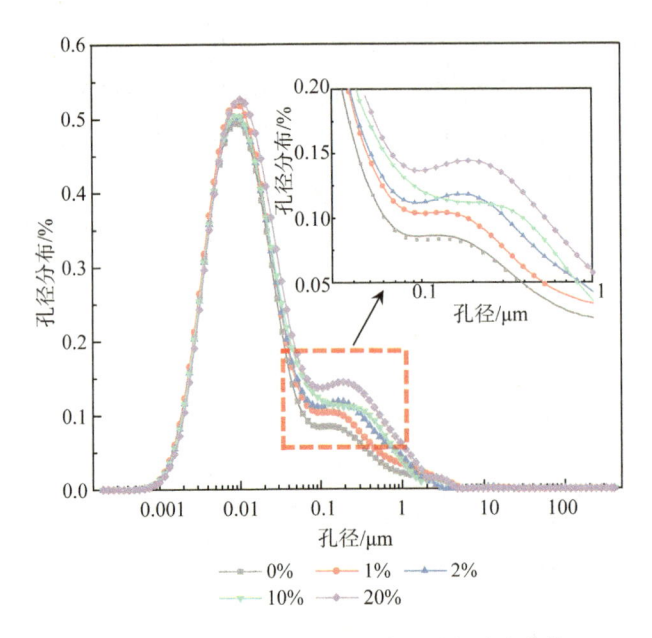

图 2-28 不同聚合物浓度混合土孔径分布曲线

对各孔径的分布进行统计可以获得不同聚合物浓度试样的孔隙度,其结果如图 2-29 所示。由图 2-29 可知,随着聚合物浓度的提升,试样的孔隙度不断增加。当聚合物浓度为 0% 时,试样的孔隙度为 18.49%;当聚合物浓度为 20%

时,试样的孔隙度为22.14%,增长了约3.65个百分点。

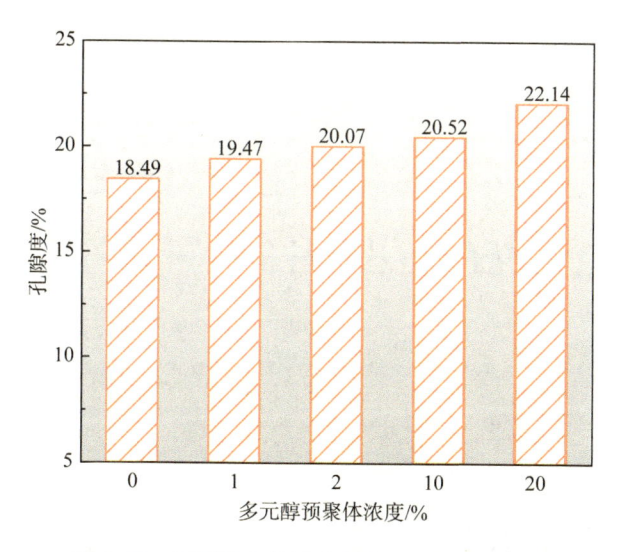

**图 2-29　不同聚合物浓度混合土孔隙度的变化**

　　NMR试验是根据被测物体中氢原子核的分布和数量进行试验数据的测定。在测试过程中,试样处于饱和状态。该状态下,除了试样孔隙中存在水分,聚合物形成的网状膜结构也能够吸收一定量的水分,同时网状膜结构自身成分中存在一定的氢原子核。因此,图2-28和2-29中不同聚合物浓度混合土的孔隙的分布可以视为不同聚合物浓度条件下混合土试样中孔隙和聚合物形成的网状膜的分布情况。

# 第 5 节
# 高分子聚合物混合土工程性能

## 5.1 无侧限抗压性能

为研究现场施工时不同天气条件下聚合物含量对客土基质强度的影响,拟定风干和保湿两种养护方式分别模拟干旱和降雨两种天气条件,采用无侧限单轴压缩试验评估在不同有机黏结剂含量(高分子聚合物和常规黏结剂)、养护方式、养护时间条件下的客土基质抗压强度特性。

如图 2-30(a)所示,传统黏结剂加固试样的抗压强度随其含量的增加,在不同养护时间均呈现出"先降低后增加"的趋势,这一趋势的转折点出现在稳定剂含量为 0.5% 的试样中。这是由于稳定剂的掺入提高了试样的保水性,减少了试样随养护时间增加的水分蒸发。含水率对试样抗压强度的作用在低稳定剂含量时大于稳定剂发挥的加固作用,所以当稳定剂含量介于 0%~1% 时,加固试样的抗压强度相对素土的反而有所下降,而当稳定剂含量大于 1%,试样的含水率和抗压强度均大于素土。如图 2-30(b)所示,在保湿养护条件下,传统黏结剂加固试样的抗压强度随其含量的增加先降低后增加,当养护时间为 1~3 天时呈现出与风干养护条件相似的规律,但当养护时间大于 3 天时,加固试样抗压强度低于素土强度。这一变化主要是由稳定剂的加固机理引起的。在养护初期,稳定剂水凝胶成膜前的黏性提高了加固试样的抗压强度。但在保湿养护条件下,试样的含水率基本保持不变,同时随着时间的增加,稳定剂水凝胶逐渐成膜,黏性减弱,吸水性增强,土体内长时间的高含水率使其吸水膨胀,反而成了土体破坏时的"润滑剂",导致加固试样抗压强度下降。

综上所述，结合干湿养护条件下稳定剂含量和养护时间对土体抗压强度的影响，传统黏结剂掺量为1.5%的客土基质在干旱条件下养护2~3天，混合土可以在抗压强度上获得16%~22%的提升；不推荐在降雨条件下使用。

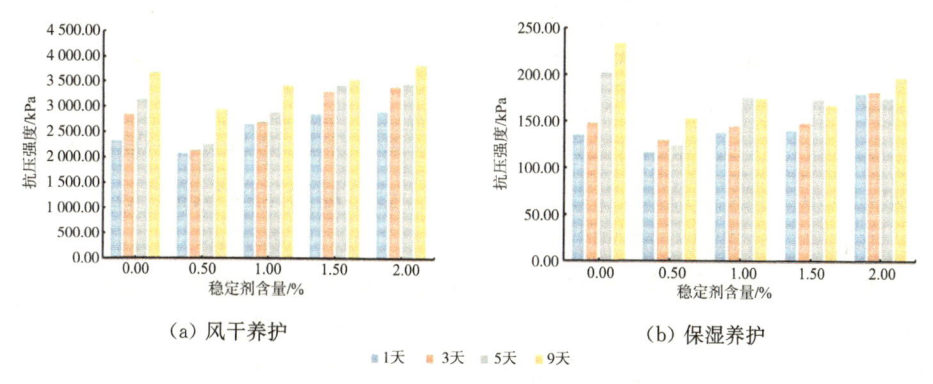

(a) 风干养护

(b) 保湿养护

**图 2-30　常规黏结剂加固试样抗压强度**

如图2-31(a)所示，在风干养护条件下，高分子聚合物加固试样的抗压强度随其含量的增加整体呈现出上升的趋势，当养护时间大于1天时，这一趋势更加明显。养护时间1天作为这一规律的分界点，主要是由稳定剂的成膜时间决定的。如图2-31(b)所示，与传统黏结剂不同的是，在保湿养护条件下，高分子聚合物加固试样的抗压强度相对于素土仍有所增加，即高分子聚合物在保湿养护条件下仍能发挥其加固作用。但随着稳定剂含量的增加，当含量大于3%时，加固试样的强度出现下降的趋势。这主要是由于稳定剂具有亲水性，稳定剂含量越高，其受水的影响越大。

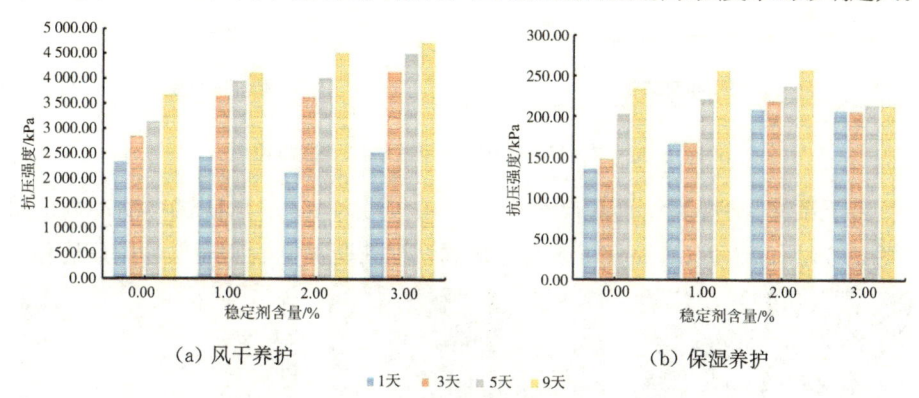

(a) 风干养护

(b) 保湿养护

**图 2-31　高分子聚合物加固试样抗压强度**

综上所述，推荐高分子聚合物掺量为1%的客土基质在干旱条件下养护3~4天，改良客土基质可以在抗压强度上获得25%~27%的提升。在降雨条件下，相比于传统黏结剂，高分子聚合物的加固效果更加稳定。

## 5.2 抗冲刷性能

为研究施工降雨条件下聚合物含量对客土基质抗冲刷性的影响,采用自主搭建的降雨冲刷模型评估不同有机黏结剂含量(高分子聚合物和常规黏结剂)下客土基质抗冲刷特性。

如图 2-32(a)所示,加固试样的冲刷率比素土试样(0%)均有明显降低。当稳定剂含量达到 2%,常规黏结剂和高分子聚合物加固试样的冲刷率分别只有 19.1%和 7.4%,而素土试样高达 79.5%。在稳定剂含量逐步增大的过程中,高分子聚合物加固试样的冲刷率呈现出更明显的减小趋势。试样相对抗冲刷系数($E_r$)如图 2-32(b)所示,从图中可以清楚地看出两种稳定剂改性试样的相对抗冲刷能力都有很大程度的提高,特别是当高分子聚合物浓度达到 2%时,试样 $E_r$ 值高达 10.7,约为常规黏结剂加固试样($E_r$=4.2)的 2.5 倍。

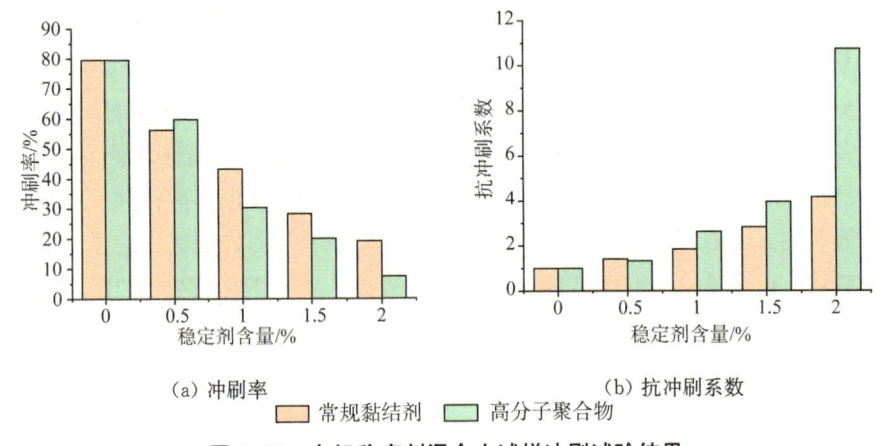

(a) 冲刷率

(b) 抗冲刷系数

常规黏结剂　高分子聚合物

**图 2-32　有机稳定剂混合土试样冲刷试验结果**

素土试样、常规黏结剂和高分子聚合物含量为 2%的加固试样的冲刷效果如图 2-33 所示。可见,高分子聚合物加固试样在受冲刷后其表层冲刷痕迹相对

(a) 素土　　(b) 常规黏结剂　　(c) 高分子聚合物

**图 2-33　冲刷效果图**

较浅,而其他试样表面均遭到较大程度的冲刷破坏。

## 5.3 抗风蚀性能

为研究现场施工时大风条件下聚合物含量对客土基质抗风蚀性能的影响,采用自主搭建的室内风蚀试验模拟装置评估不同有机黏结剂含量(高分子聚合物和常规黏结剂)下客土基质抗风蚀性能。

各试样组风蚀试验结果如表2-4所示。从表中可以看出,所有加固试样的风蚀效果都得到了明显提高,稳定剂含量达到1%以上时,试样风蚀后其表面保持完整,没有风蚀破坏痕迹。部分试样的风蚀后效果如图2-34所示。可见,素土试样在风蚀后其表面遭到严重的破坏,形成了明显的沙堆。常规黏结剂含量为0.5%的加固试样表面小部分受破坏,但基本上还是保持了完整结构。相比之下,高分子聚合物加固试样具有最佳的抗风蚀性能,所有试样表面在风蚀后都能保持其完整的结构。风蚀后,用小刀划开表面,可以清楚地看到高分子聚合物在表面形成的一定厚度的保护层,从而显著地提高了土体的抗风蚀性能。

表2-4 有机稳定剂加固试样风蚀试验结果

| 稳定剂含量/% | 0 | 0.5 | 1 | 1.5 | 2 |
| --- | --- | --- | --- | --- | --- |
| 常规黏结剂 | 严重风蚀 | 弱风蚀 | 未风蚀 | 未风蚀 | 未风蚀 |
| 高分子聚合物 | 严重风蚀 | 未风蚀 | 未风蚀 | 未风蚀 | 未风蚀 |

(a) 素土　　(b) 常规黏结剂(0.5%)　　(c) 高分子聚合物

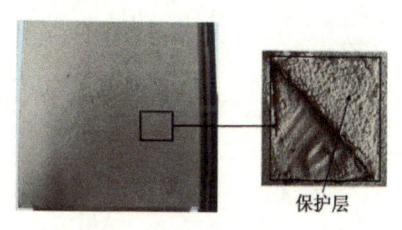

图2-34 风蚀试验效果图

## 5.4 保水性和植被生长状况

为研究实际施工中客土基质在泥浆状态下聚合物含量对其保水性和植被生长状况的影响,基于成活率高、适应性强、绿化效果好、成本低等特性,选取黑麦草种作为该试验草种。各组试样中设置常规黏结剂和高分子聚合物材料进行对比研究,其余参数保持一致。试样制备完成后置于室外光照条件下,每日定时浇水 20 g,同时记录当日的水分蒸发量和植被生长情况。传统黏结剂含量为 0%、0.5%、1% 和 2% 的试样组在泥浆状态下对应的初始含水率分别为 50%、70%、90% 和 115%。各试样组的蒸发率曲线和植被生长状况如图 2-35、图 2-36 和表 2-5、表 2-6 所示。

如图 2-35(a)所示,随着传统黏结剂的掺入,客土基质的初始持水量相对于素土分别提升了 40%、80% 和 130%,同时保水性均有所提升。随着稳定剂含量的增加,相对于素土试样,加固试样保水能力的耐久性显著增加,由 262 h 提高至 622 h 以上。如图 2-35(b)所示,受稳定剂含量的影响,蒸发率在初期呈现出明显下降趋势,在 120 h 时蒸发率减少量出现峰值,随稳定剂的增加,相对于素土,蒸发率减少量分别达到了 19%、29% 和 36%。表 2-5 给出了传统黏结剂掺入试样的植被生长情况,传统黏结剂的掺入抑制了植被发芽及生长,随着其含量的增加,甚至出现了植被完全无法发芽的情况。综上所述,尽管传统黏结剂对试样保水性起到了明显的增益效果,但它的掺入大大降低了土体的透气性,反而导致植被发芽与生长受到抑制,无法达到预期的绿化效果。掺入含量不宜大于 0.5%,小于 0.5% 含量的效果需要进一步试验研究。

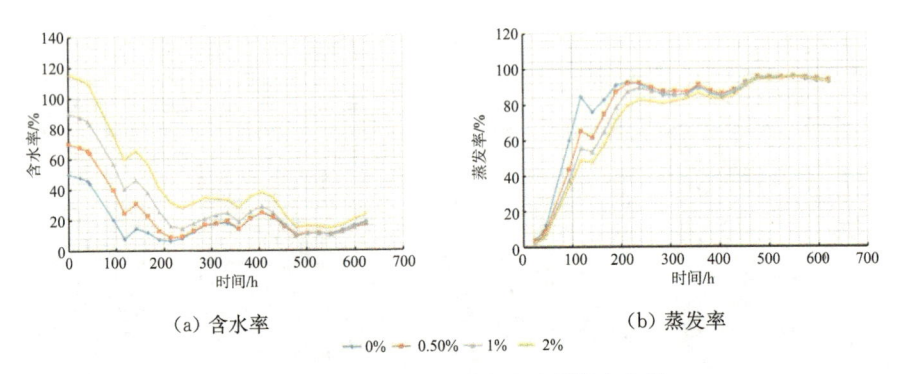

(a) 含水率

(b) 蒸发率

— 0%  — 0.50%  — 1%  — 2%

**图 2-35 传统黏结剂混合土试样保水曲线**

如图 2-36(a)所示,随着高分子聚合物的掺入,客土基质的初始饱水量相对于素土分别提升了 30%、80% 和 120%,同时保水性也有所提升,保水持久性随稳定剂含量变化不明显。如图 2-36(b)所示,在 120 h 时蒸发率减少量出现峰值,随稳定剂的增加,相对于素土,蒸发率减少量分别达到了 11%、27% 和 31%。表 2-6 给出了高分子聚合物掺入试样的植被生长情况,与传统黏结剂不同的是,高分子聚合物的掺入促进了植被的发芽和生长,并且随着稳定剂含量的增加,植被的生长速度明显加快。综上所述,结合客土基质保水性和植被生长状况,当高分子聚合物含量为 1% 时,客土基质能获得较好的保水性和植被生长条件。

表 2-5 传统黏结剂混合土试样植被生长状况

| 时间/h | 有机稳定剂含量/% ||||
| --- | --- | --- | --- | --- |
| | 0 | 0.5 | 1 | 2 |
| 118 | | | | |
| 190 | | | | |
| 358 | | | | |
| 修剪植被 |||||
| 550 | | | | |

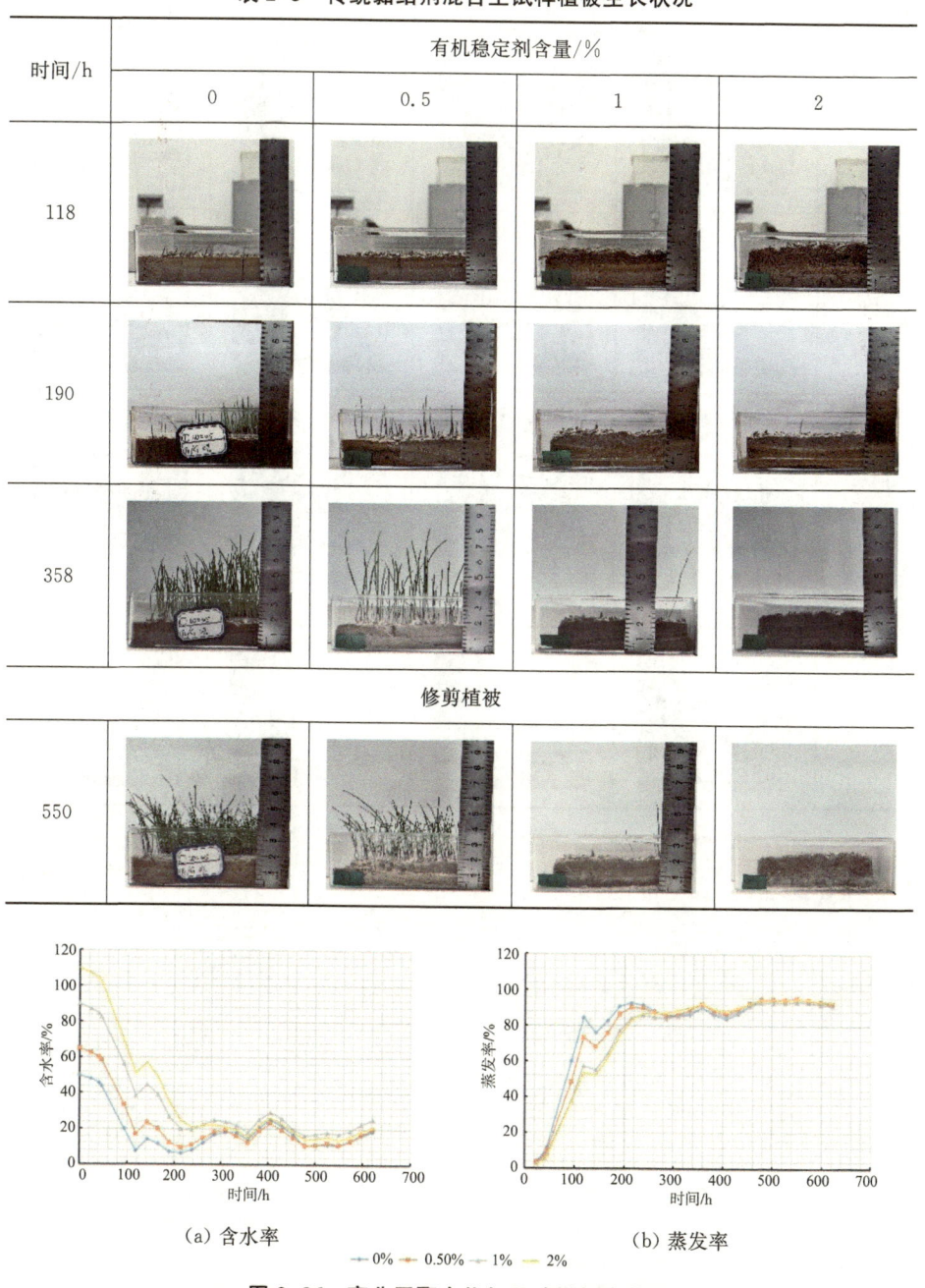

(a) 含水率　　(b) 蒸发率

—— 0%　—— 0.50%　—— 1%　—— 2%

图 2-36 高分子聚合物加固试样保水曲线

表 2-6　高分子聚合物加固试样植被生长状况

| 时间/h | 有机稳定剂含量/% ||||
| --- | --- | --- | --- | --- |
| | 0 | 0.5 | 1 | 2 |
| 118 | | | | |
| 190 | | | | |
| 358 | | | | |
| | 修剪植被 ||||
| 550 | | | | |

# 第 3 章

# 客土基材力学性质

# 第1节
# 客土基材的无侧限抗压试验

## 1.1 无侧限抗压条件下应力应变特性

客土基材无侧限抗压强度试验结果如表3-1所示。表格中的无侧限抗压强度为3个平行试样对应的轴向应力-轴向应变曲线中轴向应力峰值的平均值,峰值应变为3个平行试样达到轴向应力峰值时对应轴向应变的平均值。

表3-1 客土基质无侧限抗压强度试验结果

| 试样编号 | 聚合物浓度/% | 无侧限抗压强度/kPa | 标准差/kPa | 峰值应变/% |
|---|---|---|---|---|
| U1—U2 | 0 | 1 169.28 | 2.46 | 3.5 |
| U3—U4 | 1 | 1 242.63 | 4.82 | 4 |
| U5—U6 | 2 | 1 293.25 | 5.09 | 4 |
| U7—U8 | 10 | 1 325.87 | 5.62 | 4.5 |
| U9—U10 | 20 | 1 357.06 | 6.02 | 4.5 |

不同高分子聚合物浓度下客土基质典型的轴向应力-轴向应变曲线如图3-1所示。由图3-1可知,不同聚合物浓度改良客土基质的轴向应力-轴向应变曲线呈现出相近的变化趋势:随着轴向应变的不断增加,轴向应力先快速增加;当轴向应变增加至一定值时,轴向应力的增长趋向于缓慢直至产生轴向应力峰值;随后,轴向应力呈现出逐渐下降的趋势,即典型的应变软化型轴向应力-轴向应变曲线。不同的聚合物浓度条件下,试样的轴向应力-轴向应变曲线存在着一

定的差异。在试验初期,随着聚合物浓度的增加,试样轴向应力-轴向应变曲线的增长速率逐渐增大。与聚合物浓度为0%的试样相比较,当聚合物浓度为20%时,试样的轴向应力由553.40 kPa增长至681.50 kPa,峰值变化幅度为23.15%。除此之外,轴向应力-轴向应变曲线的峰值也随着聚合物浓度的增加逐渐增大。试验结束时,不同聚合物浓度试样的最终轴向应力也随着聚合物浓度的增加逐渐增加。与0%浓度试样相比较,其余浓度条件下各试样的最终轴向应力分别增长了1.79%、6.74%、10.05%和14.36%。

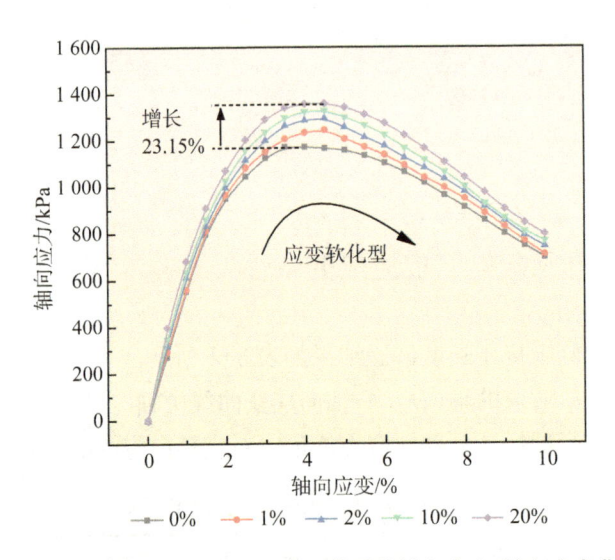

图3-1 不同聚合物浓度改良客土基质的轴向应力-轴向应变曲线

图3-2为不同聚合物浓度改良客土基质峰值轴向应变的变化图。由图3-2可知,随着聚合物浓度的增加,聚合物浓度改良客土基质的峰值轴向应变呈现出缓慢增加趋势。但改良客土基质的峰值轴向应变变化较小,在4%左右波动变化。

## 1.2 无侧限抗压条件下峰值强度特征

不同聚合物浓度条件下改良客土基质无侧限抗压强度的变化如图3-3所示。由图3-3可知,随着聚合物浓度的增加,改良客土基质的无侧限抗压强度也随之逐渐增加。当聚合物浓度分别为0%、1%、2%、10%和20%时,改良客土基质的无侧限抗压强度分别为1 169.28 kPa、1 242.63 kPa、1 293.25 kPa、1 325.87 kPa和1 357.06 kPa,聚合物浓度为20%时提升了约16.06%。

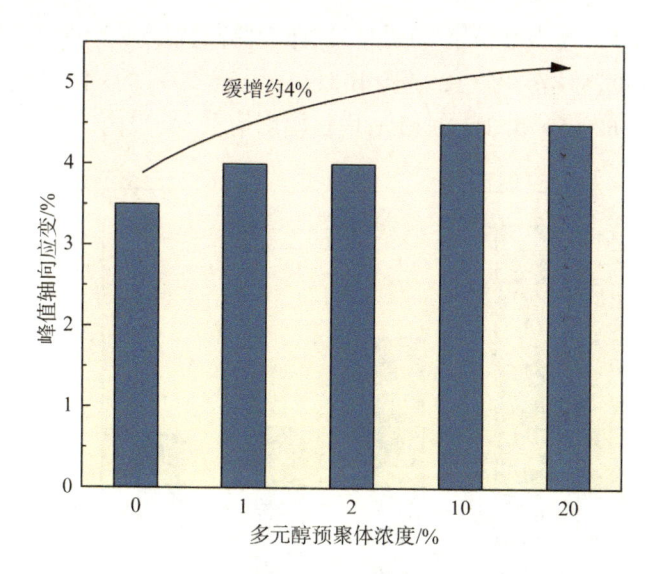

图 3-2 不同聚合物浓度改良客土基质峰值轴向应变的变化图

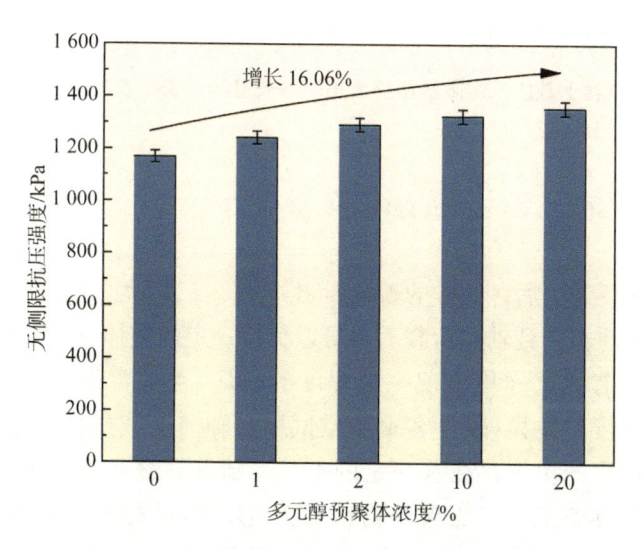

图 3-3 改良客土基质无侧限抗压强度与聚合物浓度的关系

图 3-4 为改良客土基质无侧限抗压强度相对增长量和增长幅度与聚合物浓度的关系。由图 3-4 可知,改良客土基质试样的无侧限抗压强度在不同聚合物浓度区间内的相对增长量和增长幅度存在着较大的差异,两者均呈现出随着聚合物浓度的增加逐渐降低的趋势。当聚合物的浓度由 0% 增长至 1% 时,试样的无侧限抗压强度的增长较大,相对增长量为 73.35 kPa,增长幅度为 6.27%。当

聚合物浓度由 1% 逐步增长至 20% 时,试样无侧限抗压强度的增长幅度发生明显的下降,浓度 1% 至 2%、2% 至 10%、10% 至 20% 的相对增长量分别为 50.62 kPa、32.62 kPa 和 31.19 kPa,增长幅度均在 5% 以内。

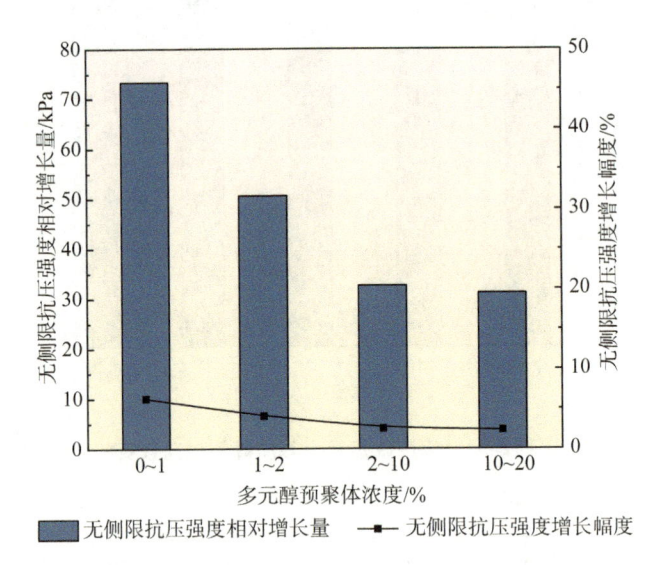

图 3-4 改良客土基质无侧限抗压强度相对增长量和增长幅度与聚合物浓度的关系

## 1.3 无侧限抗压条件下变形破坏特征

无侧限抗压试验后各试样的破坏形态如图 3-5 所示。由图 3-5 可知,聚合物改良客土基质在受到轴向荷载后仍可以保持一定的整体性,没有出现明显的块体掉落。所有的试样均出现一定程度的破坏,且主要集中在试样的中部。由于聚合物浓度的差异,改良客土基质试样在轴向荷载条件下形成的裂缝以及被裂缝分割出的块体存在着一定的差异。随着聚合物浓度的增加,试样发生的破坏程度逐渐减小。当聚合物浓度为 0% 时,试样发生破坏后表面出现卸荷后仍旧无法"愈合"的裂缝。裂缝将试样分割为多个较大的块体,部分块体存在着脱离试样主体的可能性。随着聚合物浓度的增大,试样表面的裂缝数量和深度都逐渐减小,裂缝逐渐出现一定程度的"愈合"。当聚合物浓度达到 10% 时,破坏后的试样被一条裂缝分割两个部分,裂缝的深度相比于低浓度试样明显较浅。当聚合物浓度达到 20% 时,试样表面仅存在一些微小裂缝,试样整体结构相对完整。

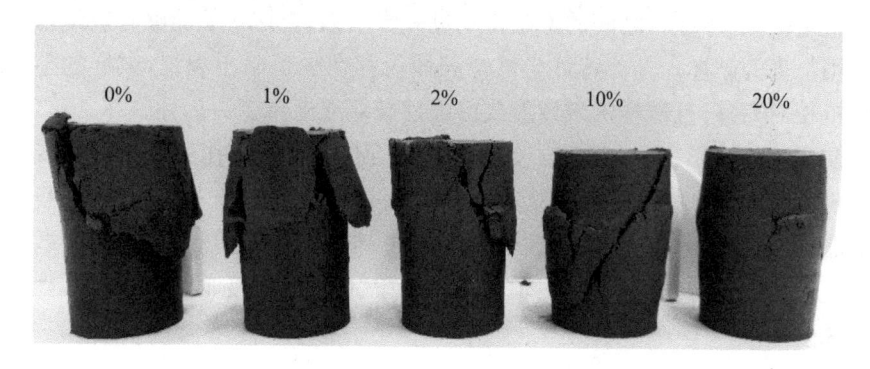

**图 3-5　无侧限抗压试验后不同聚合物浓度改良客土基质破坏形态**

Hatibu 和 Hettiaratchi 对土体在轴向荷载条件下的破坏形式进行了总结，其结果如图 3-6 所示。图中，从左至右土体的破坏逐渐由脆性破坏转变为韧性破坏。结合图 3-5 和图 3-6 可以发现，随着聚合物浓度的逐渐增加，改良客土基质试样的破坏形式逐渐由脆性破坏转变为韧性破坏。当聚合物浓度为 0% 时，试验破裂为明显的多个块体，符合脆性剥落破坏的破坏形态；当聚合物浓度达到 10% 时，试样的破坏形态转换为断裂；当聚合物浓度达到 20% 时，试样的破坏形态转变为韧性断裂。这种破坏形态随着聚合物浓度变化发生转变的原因，主要是由于聚合物的存在改变了试样内部的结构和连结。

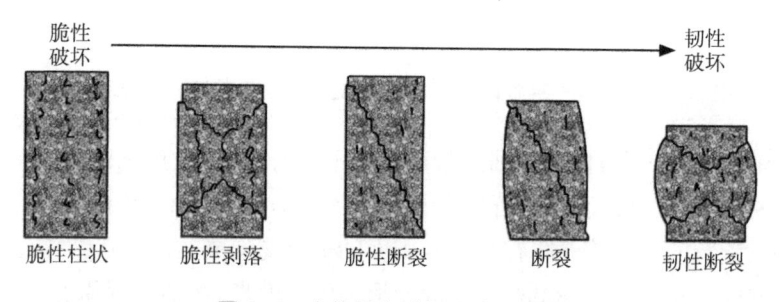

**图 3-6　土体轴向破坏形式示意图**

当聚合物浓度为 0% 时，试样内部土体颗粒之间的连结较弱。在受到外力作用时，土体颗粒之间的连结发生破坏，从而在试样内部形成大量的微小裂缝。这些微小裂缝随着外力作用的增加逐渐延伸，最终形成规模较大的裂缝，试样发生脆性破坏。当试样中存在聚合物时，聚合物形成的薄膜状结构能够增强土体颗粒之间的连结。在受到外力作用时，薄膜状结构的存在能够抵抗一定的外力作用，减少试样内部微小裂隙的形成与发展，使得试样的破坏程度降低。随着聚合物浓度的逐渐增加，试样内部的薄膜状结构逐渐增加，从而在试样内部形成空间网状结构,土体颗粒之间的连结得到进一步增强,土体颗粒能够有效地抵抗外力作用带来的破坏。外部特征为试样表面仅存在少量微小裂缝,试样的整体结构保持相对完整,且试样的破坏形式由脆性破坏逐渐转变为韧性破坏。

　　前述试验结果表明,聚合物改良客土基质在轴向荷载作用下产生的变形和破坏都与其内部结构密切相关。图3-7为聚合物改良客土基质轴向应力-轴向应变曲线与破坏形式的对比图。由图3-7可知,改良客土基质在轴向荷载作用下的变形可以划分为三个阶段:轴向压密阶段、侧向膨胀变形阶段以及裂隙发展与破坏阶段。

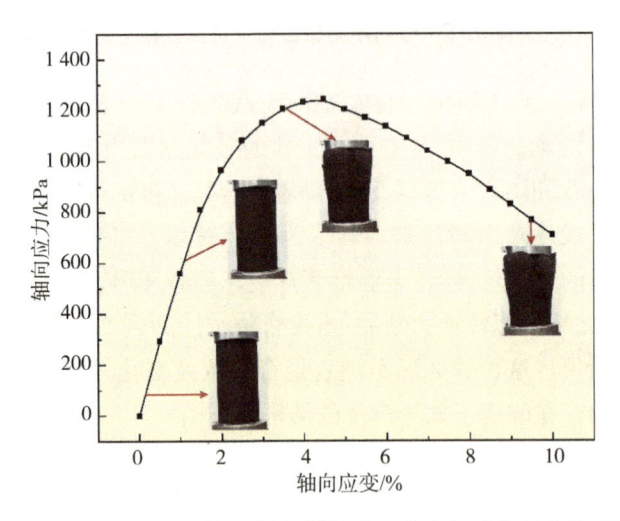

**图3-7　改良客土基质轴向应力-轴向应变曲线与破坏形式的对比图**

　　在轴向压密阶段,试样在轴向荷载的作用下内部孔隙的体积逐渐减小,试样的整体密度增大。此阶段,试样的轴向应变在轴向荷载的作用下快速增加。土体内部土颗粒的运动使黏附在土颗粒表面的聚合物形成的薄膜状结构处于被压缩和拉伸的状态。该阶段试样产生的变形为弹性变形,在轴向荷载消失后,试样发生回弹,变形消失。随着轴向荷载的逐渐增加,试样的变形达到极限。此后,试样的变形逐渐由轴向转变为侧向,进入侧向膨胀阶段。此阶段,试样在宏观上表现为侧向的体积膨胀。同时,试样的轴向应力增长逐渐变缓。试样侧向的土颗粒牵引着薄膜状结构发生拉伸变形。当处于拉伸状态的薄膜状结构达到其拉伸极限时,薄膜状结构发生断裂,进而使断裂处发生轴向应力集中,宏观状态下的表现为试样表面微小裂缝的产生与扩展。当微小裂缝逐渐延伸、连接为较大裂缝时,试样的变形进入裂隙发展与破坏阶段。在该阶段,轴向荷载的不断增加使得试样表面的裂缝迅速扩展,从而造成试样破坏。在破坏发生后,土体表面的轴向应力集中逐渐消散,土体的变形表现为沿着已有裂缝的宽度与深度进一步增加。

聚合物与水混合反应后所形成的薄膜状结构能够迅速分布于土体内部,通过缠绕与包裹等作用黏附在土颗粒表面,改变土颗粒表面的结构特征。随着聚合物浓度的提高,这些薄膜状结构的数量不断增多,使得一部分薄膜状结构在土颗粒之间的孔隙中相互聚集、连接,从而在土体内部形成了空间网状结构。

改良客土基质试样由于其内部薄膜状结构的存在,相邻土颗粒之间通过薄膜状结构进行不断连结,有效连结面积增大,土体的整体性得到一定提升。随着聚合物浓度的增加,试样内部形成的空间网状结构一方面能够有效减少土体中孔隙的体积,增强土体的整体密度;另一方面,薄膜状结构的增多使得其与土颗粒之间的有效接触面积增大,土颗粒之间的连结能力增强。与未改良土体进行比较,在受到轴向荷载作用时,改良客土基质整体性的提升能够避免一部分轴向应力集中现象的发生,从而减少土体的破坏,即改良客土基质试样能够抵抗更大的外荷载作用,具有更好的抗变形能力和更高的无侧限抗压强度。但是,聚合物的浓度也存在着作用上限。由于土体内部的空间有限,当添加过多改良材料时,超出土体空间上限的改良材料会被挤压到土体外部,进而影响改良效果。这解释了随着聚合物浓度的不断提升,试样的无侧限抗压强度增速逐渐变缓的现象。

# 第 2 节
# 客土基材的三轴压缩试验

## 2.1 三轴压缩应力应变特性

不同条件下改良客土基质三轴压缩强度试验结果如表 3-2 所示。表格中的峰值偏应力为试样的偏应力-应变曲线达到峰值时的偏应力值。

表 3-2　不同条件下改良客土基质三轴压缩强度试验结果

| 试样编号 | 聚合物浓度/% | 峰值偏应力/kPa ||| 
|---|---|---|---|---|
| | | 50 kPa 围压 | 100 kPa 围压 | 150 kPa 围压 |
| T1—T2 | 0 | 1 676.17 | 1 967.80 | 2 281.52 |
| T3—T4 | 1 | 1 819.86 | 2 159.41 | 2 462.09 |
| T5—T6 | 2 | 1 969.22 | 2 317.28 | 2 695.89 |
| T7—T8 | 10 | 2 221.74 | 2 541.01 | 3 066.97 |
| T9—T10 | 20 | 2 528.77 | 2 815.02 | 3 212.89 |

不同聚合物浓度改良客土基质试样在 50 kPa、100 kPa 和 150 kPa 三个围压条件下的偏应力-应变曲线如图 3-8 所示。由图 3-8 可知,不同围压条件下试样在三轴压缩试验中的偏应力-应变曲线呈现出相似的变化规律。

(a) 50 kPa

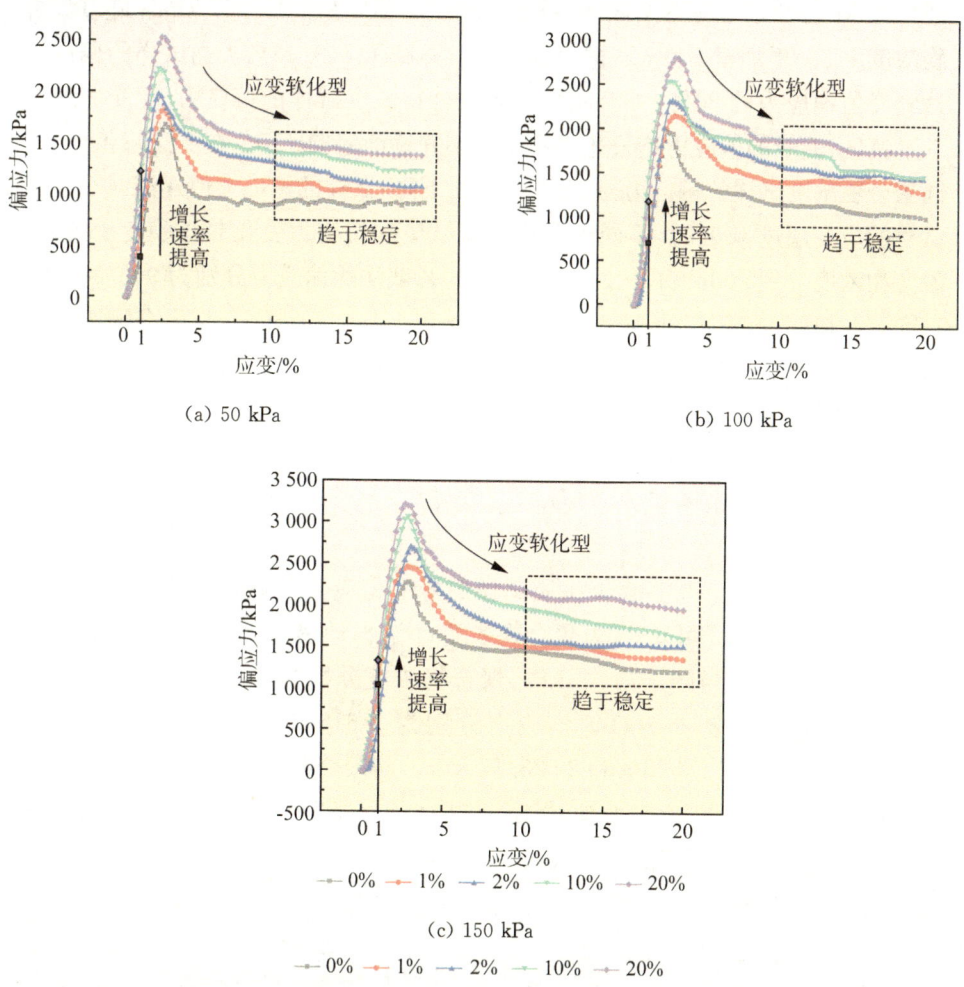

(b) 100 kPa

(c) 150 kPa

**图 3-8　不同聚合物浓度改良客土基质偏应力-应变曲线**

如图 3-8 所示,不同围压条件下试样的偏应力-应变曲线均为应变软化型,即随着应变的不断增加,试样的偏应力先快速增加,直至偏应力到达峰值;达到峰值后,随着应变的继续增加,试样偏应力逐渐减小;最终试样的偏应力逐渐趋向于稳定。由图 3-8 可知,不同聚合物浓度试样的偏应力-应变曲线在试验初期基本吻合,各试样偏应力的增长速率也大致相同。随着试验的逐渐进行,各试样偏应力随着应变增长的速率逐渐出现较大的差异。当聚合物浓度较低时,试样偏应力的增长速率也相对较低;随着聚合物浓度的增大,试样偏应力的增长速率也逐渐增大。以 50 kPa 围压条件下的试样为例,在试样的应变达到 1% 时,聚合物浓度分别为 0%、1%、2%、10% 和 20% 时,试样的偏应力增量分别为

381.33 kPa、610.72 kPa、788.33 kPa、1 126.11 kPa 和 1 218.27 kPa。随着聚合物浓度由 0% 增加至 20%，试样偏应力增量提高了 219.48%。当试样的偏应力达到峰值偏应力的 80%～90% 时，不同聚合物浓度试样的偏应力-应变曲线进入过渡区，曲线的偏应力增长速率快速减小并逐渐趋向于 0。在到达峰值后，不同聚合物浓度试样的偏应力-应变曲线开始下降，试样的偏应力值逐渐减小。当试样的应变超过 10% 时，不同聚合物浓度试样的偏应力变化趋于稳定。此时，聚合物浓度分别为 0%、1%、2%、10% 和 20% 试样的偏应力分别为 908.94 kPa、1 064.83 kPa、1 156.63 kPa、1 337.22 kPa 和 1 444.60 kPa。与聚合物浓度为 0% 的试样相比较，其余浓度试样的稳定偏应力分别提升了 17.15%、27.25%、47.12% 和 58.93%。

## 2.2　三轴压缩峰值偏应力及强度参数

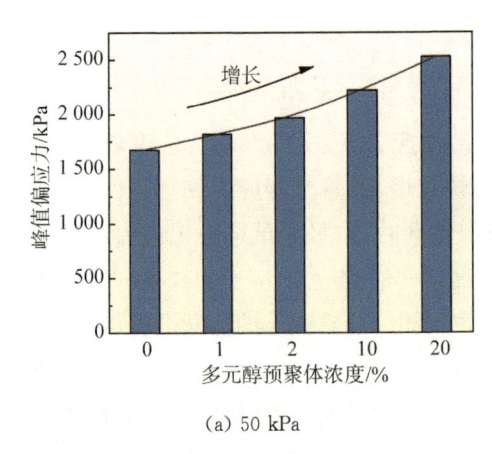

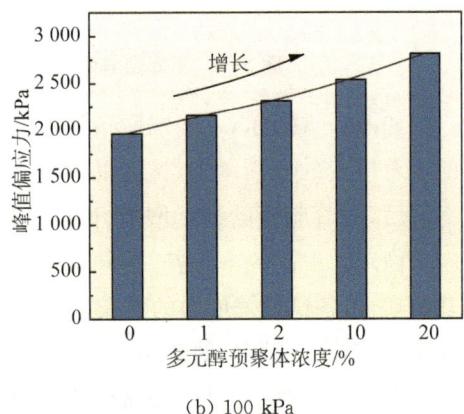

不同围压条件下改良客土基质试样的峰值偏应力与聚合物浓度关系如图 3-9 所示。由图 3-9 可知，随着聚合物浓度的增加，改良客土基质的峰值偏应力也随之逐渐增加。当围压为 50 kPa，聚合物浓度分别为 0%、1%、2%、10% 和 20% 时，改良客土基质的峰值偏应力分别为 1 676.17 kPa、1 819.86 kPa、1 969.22 kPa、2 221.74 kPa 和 2 528.77 kPa。与聚合物浓度为 0% 的试样相比较，其余浓度试样的峰值偏应力分别提升了 8.57%、17.48%、32.55% 和 50.87%。聚合物的存在能够有效提升改良客土基质的峰值偏应力，改善改良客土基质的内部结构。

(a) 50 kPa

(b) 100 kPa

(c) 150 kPa

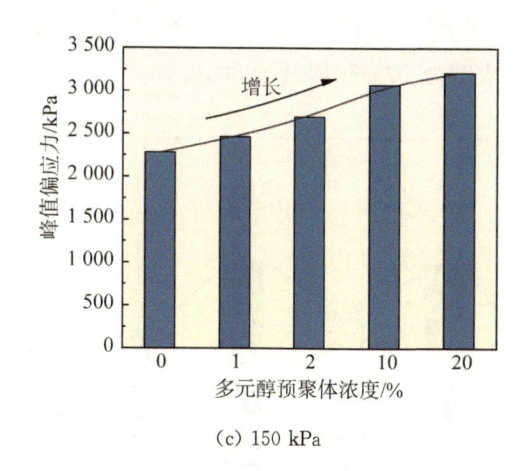

**图 3-9　改良客土基质峰值偏应力与聚合物浓度的关系**

横向对比不同围压条件下试样的峰值偏应力可以发现,随着围压的增加,改良客土基质的峰值偏应力逐渐增大。当聚合物浓度为 2% 时,随着围压由 50 kPa 增加至 150 kPa,改良客土基质的峰值偏应力由 1 969.22 kPa 逐渐增加至 2 695.89 kPa,累计增长量为 726.67 kPa,增长幅度为 36.90%。这一结果表明围压的增长有助于改良客土基质峰值偏应力的提升。

不同聚合物浓度条件下改良客土基质三轴压缩参数的变化如图 3-10 和图 3-11 所示。由图 3-10 可知,随着聚合物浓度的增加,改良客土基质的黏聚力也随之逐渐增加。当聚合物浓度分别为 0%、1%、2%、10% 和 20% 时,改良客土基

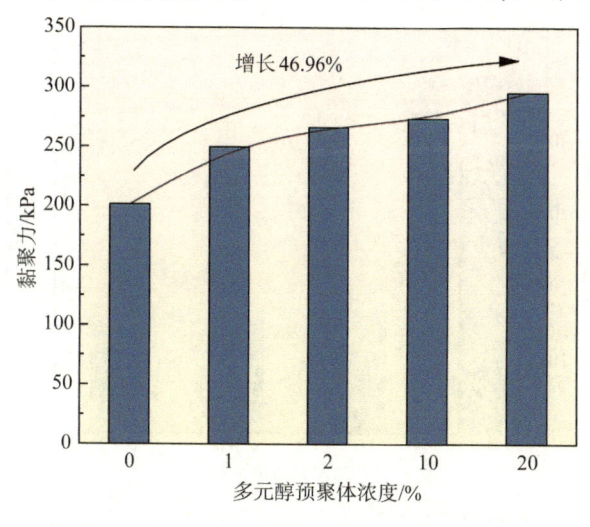

**图 3-10　改良客土基质黏聚力与聚合物浓度的关系**

质的黏聚力分别为 201.12 kPa、249.71 kPa、266.26 kPa、281.82 kPa 和 295.56 kPa,聚合物浓度为 20% 时提升了约 46.96%。

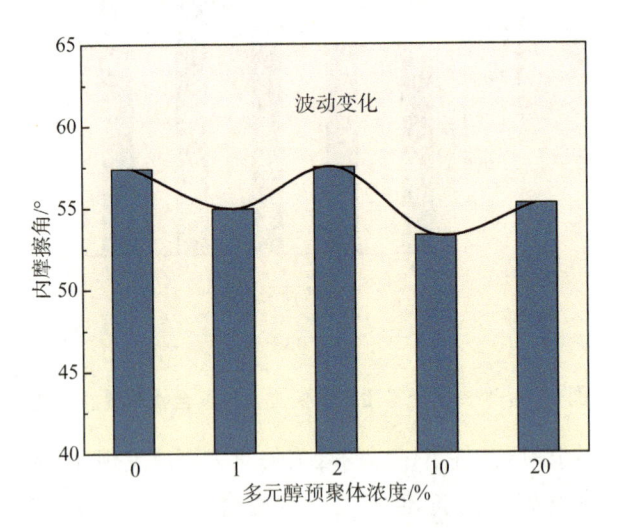

图 3-11 改良客土基质内摩擦角与聚合物浓度的关系

由图 3-11 可知,随着聚合物浓度的增加,改良客土基质的内摩擦角变化较小。各聚合物浓度改良客土基质试样的内摩擦角保持在 53.32°~57.39°,最大值与最小值之间的差值为 4.07°。

图 3-12 为改良客土基质黏聚力相对增量和增长幅度与聚合物浓度的关系。

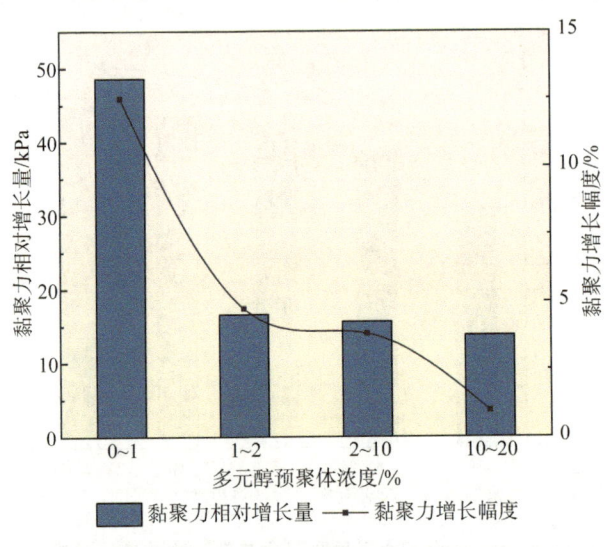

图 3-12 改良客土基质黏聚力相对增量和增长幅度与聚合物浓度的关系

由图 3-13 可知,当聚合物的浓度由 0%增长至 1%时,试样黏聚力的相对增长量为 48.59 kPa。随着聚合物浓度的增加,试样黏聚力的相对增长量分别为 16.55 kPa、15.56 kPa 和 13.74 kPa,增长量相对稳定,增长幅度保持在 5%左右。

## 2.3 三轴压缩破坏特征

完成三轴压缩试验后对各试样的破坏形态进行拍照记录,结果如图 3-13 所示。由图 3-13 可知,聚合物改良客土基质在受到三轴荷载后仍具有良好的整体性。对比图 3-13 和图 3-5 可以发现,三轴压缩试验后试样的状态与无侧限抗压试验后试样的状态存在较大的差异。三轴压缩试验后,所有的试样表面均未发现明显的破坏。试样大多仅出现一定的侧向鼓胀,这些鼓胀主要集中于试样的中部。随着聚合物浓度的不断提升,试验后试样的形态未出现较大的变化。

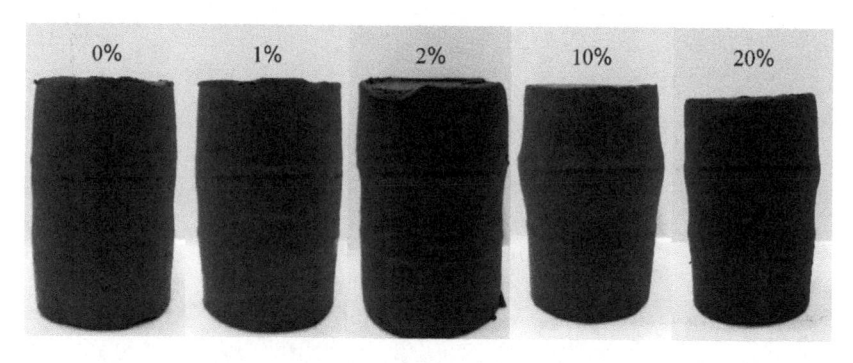

**图 3-13 三轴压缩试验后不同聚合物浓度改良客土基质破坏形态**

由前述改良客土基质在轴向荷载条件下的改良机理可知,改良客土基质试样由于聚合物与水反应形成的薄膜状结构的存在,相邻土颗粒之间通过薄膜状结构不断进行连结,有效连结面积增大,土体的整体性得到一定提升。随着聚合物浓度的增加,试样内部形成的空间网状结构能够有效减少土体中孔隙的体积,土体的整体密度增强。与未改良土体进行比较,在受到三轴荷载作用时,改良客土基质整体性的提升能够避免一部分应力集中现象的发生,从而减少土体的破坏,即改良客土基质试样能够抵抗更大的外荷载作用,具有更好的抗变形能力和更高的峰值偏应力与黏聚力。土体的内摩擦角主要与土体颗粒的形状和表面粗糙度有关。聚合物形成的薄膜状结构虽然能够在土体颗粒表面进行黏附,从而改变土体颗粒表面的结构特征,但是薄膜状结构对于土体颗粒的形状和表面粗糙度影响较小，致使聚合物改良客土基质的内摩擦角变化较小。

  无侧限抗压试验与三轴压缩试验的主要差异在于三轴压缩试验过程中试样被一定的围压包围，围压在一定程度上限制了试样受到荷载后的破坏的发生。在三轴压缩试验中，试样内部的土体颗粒在荷载的作用下发生位移。然而由于围压的存在，试样的形变被限制，无法发生局部破坏，从而使试样整体变形，偏应力-应变曲线呈现出偏应力随应变不断增加的应变软化特征。

# 第3节
# 客土基材的耐久性试验

## 3.1 冻融循环条件下客土基材应力应变特性

冻融循环后客土基质无侧限抗压强度试验结果如表3-3所示。表格中的无侧限抗压强度为3个平行试样对应的轴向应力-轴向应变曲线中轴向应力峰值的平均值。

表3-3 冻融循环后客土基质无侧限抗压强度试验结果

| 试样编号 | 冻融循环次数/次 | 无侧限抗压强度/kPa ||||| 
|---|---|---|---|---|---|---|
| | | 0% | 1% | 2% | 10% | 20% |
| FT1—FT6 | 0 | 1 169.28 | 1 242.63 | 1 293.25 | 1 325.87 | 1 357.06 |
| FT7—FT12 | 1 | 1 134.74 | 1 218.13 | 1 272.75 | 1 308.26 | 1 345.04 |
| FT13—FT18 | 2 | 1 132.42 | 1 214.32 | 1 266.78 | 1 303.21 | 1 341.86 |
| FT19—FT24 | 5 | 1 121.46 | 1 208.95 | 1 261.19 | 1 297.94 | 1 339.47 |
| FT25—FT30 | 10 | 1 100.76 | 1 197.44 | 1 255.21 | 1 292.22 | 1 337.62 |

冻融循环后客土基质典型的轴向应力-轴向应变曲线如图3-14所示。由图3-14可知,随着轴向应变的逐渐增加,轴向应力先快速增大;随着轴向应力的增长逐渐放缓直至达到轴向应力峰值;到达峰值后,随着轴向应变的继续增加,各试样的应力呈现出下降的趋势。这种变化趋势为明显的应变软化型轴向应力-轴向应变曲线。随着聚合物浓度的增加,各试样在试验初期的轴向应力-轴向应

变曲线的增长速率、轴向应力-轴向应变曲线的峰值,以及试验结束时的轴向应变值均逐渐增大。

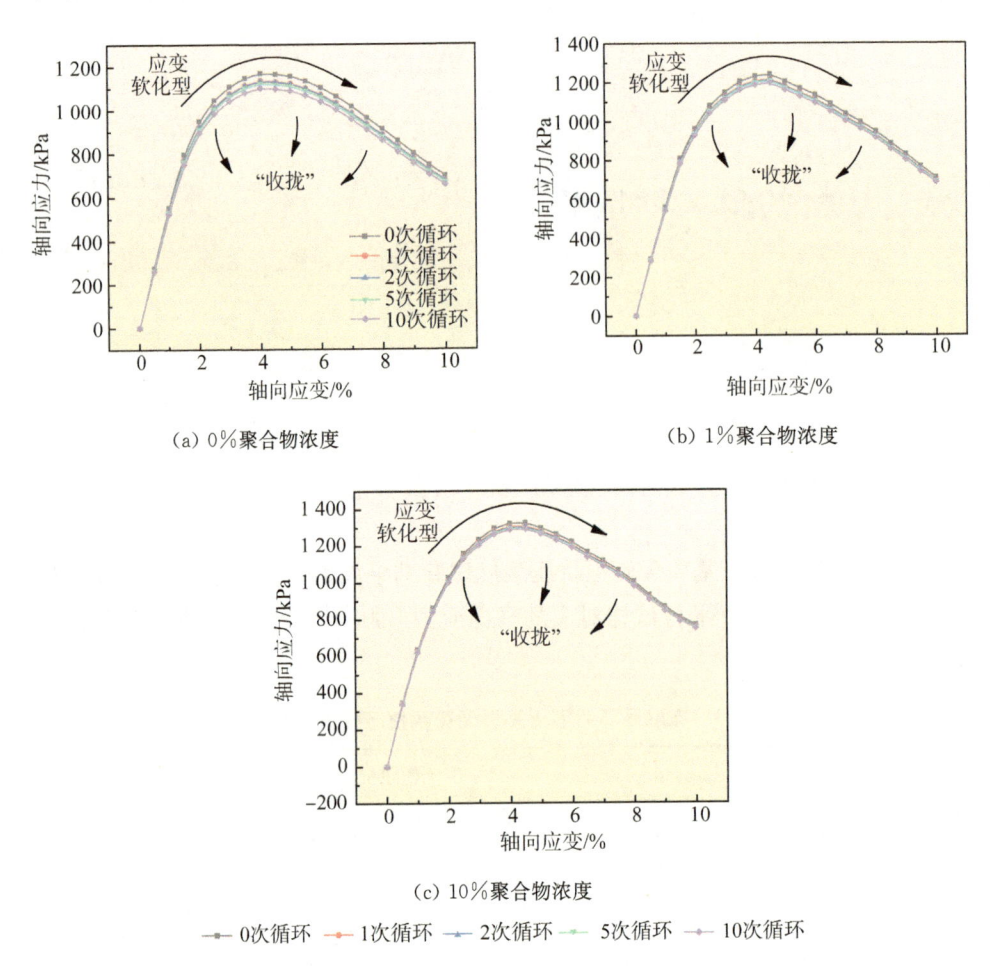

(a) 0%聚合物浓度

(b) 1%聚合物浓度

(c) 10%聚合物浓度

**图 3-14　冻融循环试验中改良客土基质轴向应力-轴向应变曲线**

由图 3-14 可知,随着冻融循环次数的增加,各试样的轴向应力-轴向应变曲线均呈现出逐渐向中心"收拢"的趋势。在试验初期,经历不同次数冻融循环试样的轴向应力-轴向应变曲线的斜率大致相同,各试样均呈现出轴向应力随轴向应变快速增长的趋势。当轴向应变达到 2% 左右时,经历不同次数冻融循环试样的轴向应力增长幅度出现较大的差异。以 0% 聚合物浓度试样为例,当轴向应变由 2% 增长至 3% 时,经历 0 次、1 次、2 次、5 次和 10 次冻融循环的试样的应变分别增长了 157.71 kPa、153.05 kPa、152.74 kPa、151.26 kPa 和 148.47 kPa。冻融循环次数的增加会降低试样在试验初期轴向应力增长的速率,降低的幅度为 5.86%。随着试验的不断进行,冻融循环次数的增加使得各试样轴向应力-轴向应变曲线之间存在一定的"间隔",这些"间隔"一直存在到试验结束。以 0%聚合物浓度试样为例,在试验结束时,经历 0 次、1 次、2 次、5 次和 10 次冻融循环的试样的轴向应力分别为 696.29 kPa、675.73 kPa、674.34 kPa、667.82 kPa 和 655.49 kPa,随着冻融循环次数的增加累计降低了 40.80 kPa。

## 3.2 冻融循环条件下客土基材耐久性

经历冻融循环后聚合物改良客土基质的无侧限抗压强度如图 3-15 所示。由图 3-15 可知,与无侧限抗压试样相同,经历过冻融循环之后改良客土基质的无侧限抗压强度仍随着聚合物浓度的增加呈现出增加的趋势。以经历 5 次冻融循环后的试样为例,当聚合物浓度由 0%增加至 1%时,试样的无侧限抗压强度增加了 87.48 kPa,增长幅度为 7.80%。试样在较高聚合物浓度时,无侧限抗压强度的增长幅度相对于较低聚合物浓度时较小。这种现象的出现与试样内部的孔隙数量有关。当聚合物浓度较高时,土体内部大部分的孔隙已经被薄膜状结构填充。此时,进一步增加聚合物的浓度,土体整体性的提升空间较小,试样无侧限抗压强度的增长幅度也相对较小。

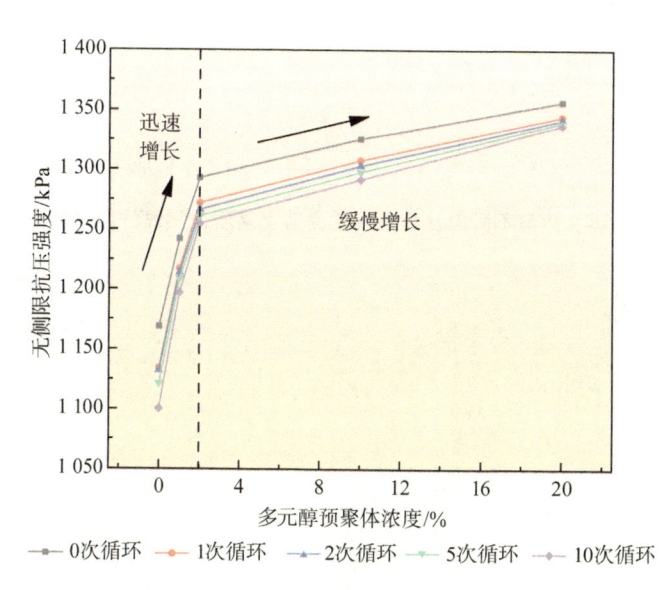

图 3-15 冻融循环后改良客土基质无侧限抗压强度与聚合物浓度间的关系曲线

改良客土基质试样无侧限抗压强度与冻融循环次数的关系如图 3-16 所示。由图 3-16 可知，在聚合物浓度相同的条件下，试样的无侧限抗压强度随着冻融循环次数的增加逐渐减小。以 1% 聚合物浓度的改良客土基质为例，当冻融循环次数分别为 0 次、1 次、2 次、5 次和 10 次时，试样的无侧限抗压强度分别为 1 242.63 kPa、1 218.13 kPa、1 214.32 kPa、1 208.95 kPa 和 1 197.44 kPa。但随着聚合物浓度的逐渐增加，试样无侧限抗压强度的下降幅度逐渐减弱。当冻融循环的次数由 0 次增加至 10 次时，对于 0% 聚合物浓度试样，其无侧限抗压强度下降了 5.86%。而当聚合物浓度为 20% 时，试样的无侧限抗压强度仅下降了 1.43%，聚合物对于土体抗冻融性能的提升十分明显。

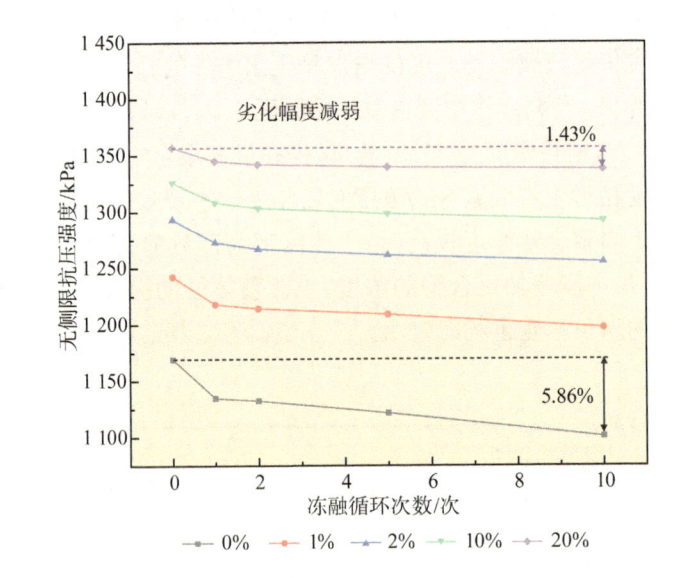

图 3-16　冻融循环次数与不同聚合物浓度改良客土基质无侧线抗压强度间的关系曲线

# 第 4 章

# 客土基材水理性质

# 第1节
# 客土基材抗裂特性

## 1.1 聚合物浓度对客土基材失水特性影响

**1. 聚合物对改良客土基质蒸发曲线影响**

单次蒸发开裂试验中在不同聚合物浓度条件下试样的蒸发曲线如图4-1所示。由图4-1可知,不同聚合物浓度条件下改良客土基质的蒸发曲线呈现出相同的变化趋势,均表现为:在试验的初始阶段,各试样的蒸发曲线呈现出线性减小的趋势;随着试验的不断推进,各试样的蒸发曲线逐渐趋于平坦,试样的含水量逐渐达到残余含水量。对不同聚合物浓度试样的蒸发曲线进行观察可以发现,随着聚合物浓度的增加,试样的蒸发曲线逐渐向右侧偏移,曲线直线段的斜率逐渐减小。除此之外,随着聚合物浓度的增加,不同浓度试样到达残余含水量的时间也存在着一定差异。当聚合物浓度为0%时,试样到达残余含水量的时间约为50小时,试样的残余含水率为1.48%。而当聚合物浓度增加至1%、2%、10%和20%时,试样到达残余含水量的时间分别为66小时、84小时、96小时和108小时,残余含水率分别为1.95%、2.22%、3.39%和4.45%。随着聚合物浓度的逐渐增加,试样到达残余含水量的时间逐渐延后,残余含水量逐渐增大。当聚合物浓度由0%增加至20%,试样到达残余含水量的时间延后了约58小时,残余含水率增加了2.97%,增长幅度为200.68%。聚合物可以有效延缓客土基质中蒸发反应的发生。

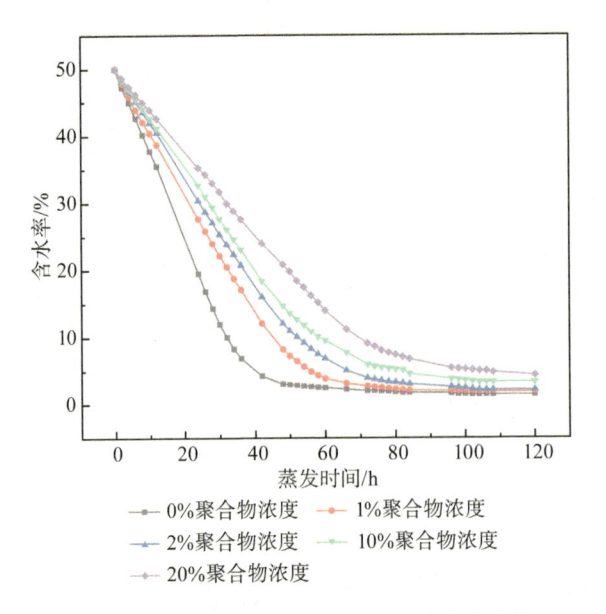

图 4-1 单次蒸发试验中不同试样的蒸发曲线

对不同聚合物浓度条件下改良客土基质蒸发曲线上各点的蒸发速率进行计算,并将计算结果进行拟合从而获得各试样蒸发速率随时间变化的曲线,如图 4-2 所示。由图 4-2 可知,不同聚合物浓度条件下改良客土基质试样的蒸发速率-蒸发时间曲线均呈现为阶梯状,按照蒸发速率的不同可以将曲线划分为三个

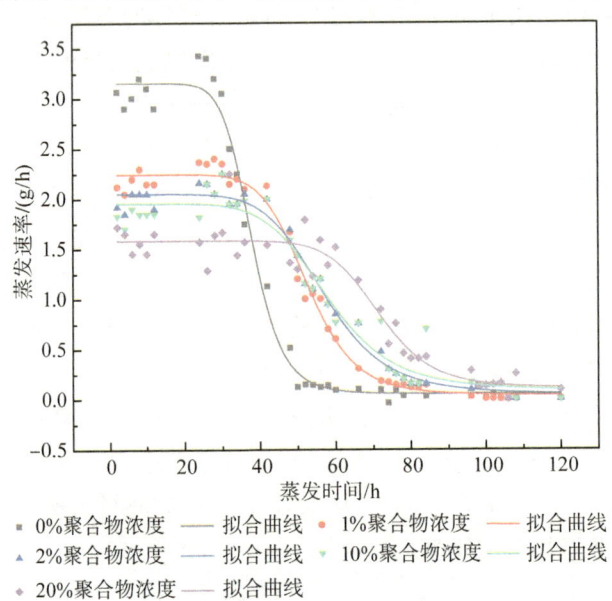

图 4-2 蒸发试验中试样的蒸发速率-蒸发时间曲线

阶段:常速率蒸发阶段、减速率蒸发阶段以及残余蒸发阶段。在常速率蒸发阶段,试样中水分含量较高,孔隙中存在着大量的自由水,试样的蒸发面为试样表面。土体下部的自由水可以通过毛细作用不断地输送至蒸发面,蒸发的发生以自由水的蒸发为主,各试样的蒸发速率均稳定为一个常数。对比不同浓度聚合物试样的蒸发速率-蒸发时间曲线可以发现,聚合物浓度的增加可以有效降低常速率蒸发阶段试样的蒸发速率,并延长常速率蒸发阶段的时间。当聚合物浓度分别为 0%、1%、2%、10% 和 20% 时,试样在常速率蒸发阶段的蒸发速率分别为 1.23 g/h、0.96 g/h、0.80 g/h、0.74 g/h 和 0.61 g/h。随着聚合物浓度由 0% 增加至 20%,试样在常速率蒸发阶段的蒸发速率下降了 0.62 g/h,下降幅度为 50.24%。不同聚合物浓度改良客土基质在常速率蒸发阶段的持续时间分别为 21 小时、32 小时、35 小时、37 小时和 52 小时,累计延长了 31 小时,延长幅度约为 147.62%。在减速率蒸发阶段,试样中自由水的含量已达到较低的水平,剩余水分难以被蒸发,从而使得试样的蒸发速率逐渐降低。随着聚合物浓度的增加,各试样蒸发速率-蒸发时间曲线逐渐向右侧移动,曲线的斜率逐渐减小。在残余蒸发阶段,试样内部可供蒸发的水分越来越少,且大多分布在一些体积相对较小的孔隙中,难以被蒸发,土体的蒸发现象逐渐减弱,蒸发速率逐渐趋向于 0 g/h。聚合物浓度的增加可以有效延长试样进入残余蒸发阶段的时间。当聚合物由 0% 增加至 20% 时,不同聚合物浓度试样进入残余蒸发阶段的时间依次为 54 小时、75 小时、83 小时、87 小时和 101 小时,延长幅度约为 87.04%。不同聚合物浓度试样的蒸发速率-蒸发时间曲线进一步说明,聚合物可以有效延缓客土基质中蒸发反应的发生。

**2. 聚合物对改良客土基质开裂形态的影响**

单次蒸发开裂试验结束后不同聚合物浓度条件下改良客土基质表层开裂状态,如图 4-3 所示。由图 4-3 可知,随着聚合物浓度的增加,改良客土基质表层开裂现象逐渐减少,裂隙网络的复杂程度也逐渐降低。当聚合物浓度为

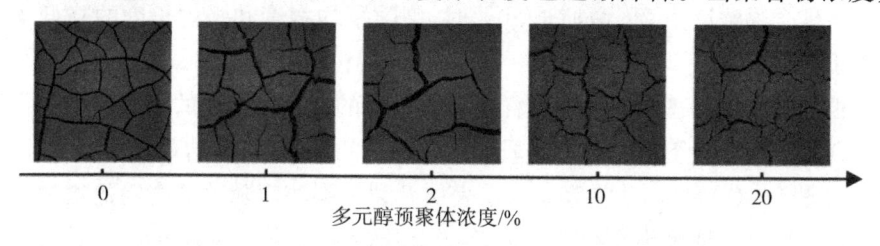

**图 4-3 单次蒸发开裂试验后试样表层开裂状态**

0%时,试样表面裂隙发育较复杂,土体被切割为多个小土块,彼此之间连通性较差,大多呈现为不规则的四边形。裂隙的数量相对较多,以短而细的小裂隙为主,裂隙之间存在着大量的交叉与连接,从而在试样表面形成了一个较为复杂的裂隙网络。

当聚合物浓度为1%时,试样表面裂隙的数量仍旧较多,但试样表面的裂隙网络相对于0%聚合物浓度试样的裂隙网络来说较为简单。当聚合物浓度达到2%时,试样表面裂隙的数量发生明显减少,裂隙网络的复杂程度逐渐降低。随着聚合物浓度的继续增大,试样表面裂隙的长度和宽度逐渐降低,试样表面的裂隙以细小裂隙为主。当聚合物浓度达到20%时,试样表面裂隙的数量和尺寸均较小,试样表面的裂隙多为微小裂隙,裂隙网络的复杂程度较低。聚合物能够有效改良客土基质表层裂隙的发育,改善土体状态。

### 3. 改良客土基质表层裂隙量化分析结果

采用CIAS系统对单次蒸发开裂试验后的试样图像进行处理,从而获取各试样表面裂隙的几何特征,其结果如图4-4所示。由图4-4可知,聚合物能够有效减弱土体的开裂现象,提升改良客土基质的抗开裂性质。

由图4-4(a)可知,随着聚合物浓度的增加,改良客土基质表层开裂后裂隙的平均宽度逐渐降低。当聚合物浓度由0%增加至20%时,改良客土基质表面开裂后裂隙的平均宽度分别为13.11 px、11.08 px、9.51 px、8.77 px和8.26 px,累计降低了4.85 px,降低幅度为36.99%。由图4-4(b)可知,随着聚合物浓度的增加,改良客土基质表层开裂后裂隙的平均长度的变化与裂隙平均宽度的变化呈现出相同的变化趋势,即随着聚合物浓度的增加而逐渐降低。当聚合物浓度由0%增加至20%时,改良客土基质表面开裂后裂隙的平均长度分别为126.34 px、117.81 px、100.83 px、86.30 px和66.43 px,累计降低了59.91 px,降低幅度为47.42%。对两图曲线的变化趋势进行分析可知,当聚合物浓度由0%增加至2%时,裂隙平均宽度和平均长度均呈现出快速降低的趋势。当聚合物浓度由2%增加至20%时,裂隙平均宽度和平均长度的降低均逐渐趋于平稳。

根据二值化处理后获取的试样图像中裂隙的面积与土体的面积可以获得不同聚合物浓度条件下改良客土基质表层开裂后的裂隙率,其结果如图4-4(c)所示。由图4-4(c)可知,改良客土基质表层开裂后裂隙率随着聚合物的增加逐渐降低。当聚合物浓度为0%时,改良客土基质表层开裂后的裂隙率为13.20%。当聚合物浓度增加至20%时,改良客土基质表层开裂后的裂隙率降低至

7.98%,累计降低了 5.22%。综上所述,聚合物能够有效减弱土体的开裂现象,改良提升客土基质的抗开裂性质。

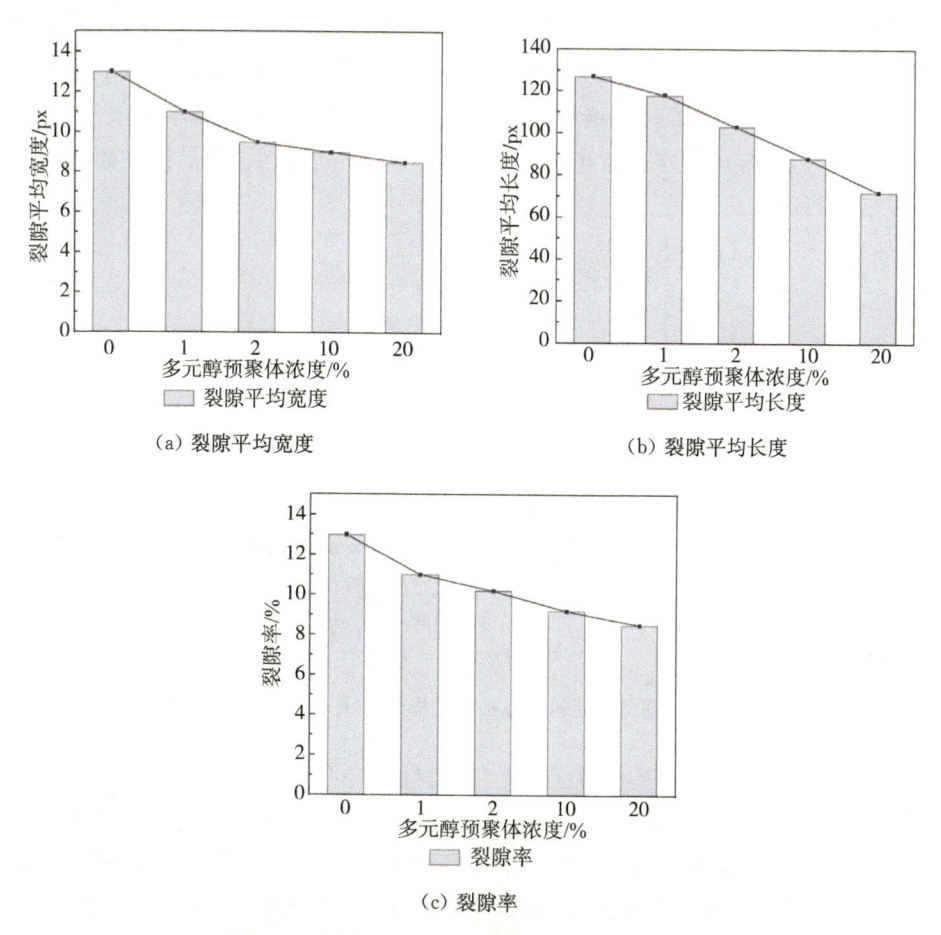

(a) 裂隙平均宽度

(b) 裂隙平均长度

(c) 裂隙率

图 4-4　单次蒸发开裂试验中聚合物浓度与裂隙几何特征的关系图

## 1.2　基材厚度对复合基材失水特性影响

**1. 基材厚度对改良客土基质蒸发曲线的影响**

图 4-5 为不同基材厚度的客土基材试样含水率-干燥时间关系曲线。从图中可以看出,试样含水率变化随干燥时间的延长也主要经历三个阶段:①线性减小阶段(直线段);②非线性减小阶段(曲线段);③稳定阶段(水平段)。

随着基材厚度的增大,曲线逐渐右移,即试样干燥至稳定所需时间大幅度延长。如图所示，基材厚度 $h$ 为 1 cm、3 cm、5 cm 的试样干燥稳定时间分别约为 60 小时、160 小时、300 小时，其中 5 cm 厚度试样干燥稳定所需时间比 1 cm 厚度试样延长了约 5 倍。基材厚度越大，含水率线性减小阶段（直线段）的蒸发速率越小，在曲线图上则表现为该阶段曲线越缓，且基材厚度越大，含水率非线性减小阶段（曲线段）持续时间越长。主要原因在于，在相同初始含水率条件下，基材厚度越大，试样内部水分含量越高，水分能持续不断地运移至试样表面以维持蒸发的进行。

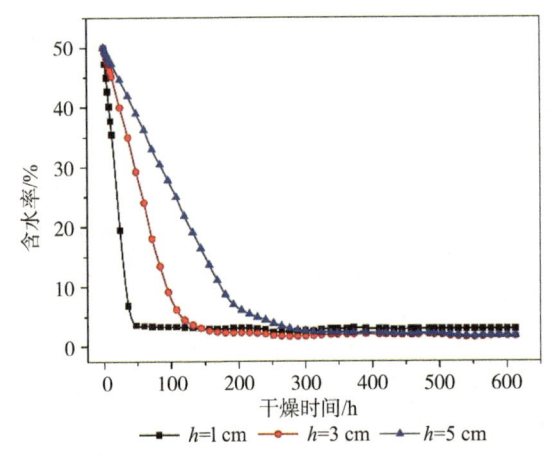

**图 4-5　不同基材厚度的客土基材试样含水率-干燥时间关系曲线**

图 4-6 描述了不同基材厚度的复合基材试样的蒸发速率-干燥时间关系曲线。分析图 4-6 可知，试样在干燥失水过程中水分蒸发速率变化与不同聚合物浓度条件下改良客土基质试样的蒸发速率-蒸发时间曲线规律一致，一般均经历三个过程：①常速率蒸发阶段；②减速率蒸发阶段；③残余蒸发阶段。在第一阶段，试样蒸发速率维持在一定值（初始蒸发速率），蒸发速率-干燥时间曲线基本维持水平。当干燥进行至某一时刻，蒸发速率开始下降，此时蒸发过程则进入第二阶段，即减速率阶段，直至蒸发速率降低至某一定值（接近 0 g/h），则一次蒸发干燥结束。

随着基材厚度的增大，试样常速率蒸发阶段的初始蒸发速率呈逐渐降低的趋势，且该阶段持续时间相对延长。图 4-6 描述了试样的初始蒸发速率随基材厚度变化的关系曲线。从图 4-6 可以看出，试样初始蒸发速率随着基材厚度的增大而降低。当基材厚度分别为 1 cm、3 cm、5 cm 时，对应的试样初始蒸发速率分别约为 3.3 g/h、3.1 g/h、3.0 g/h。其中厚度为 5 cm 的试样，其初始蒸发速率比厚度为 1 cm 的试样的初始蒸发速率低约 0.3 g/h。

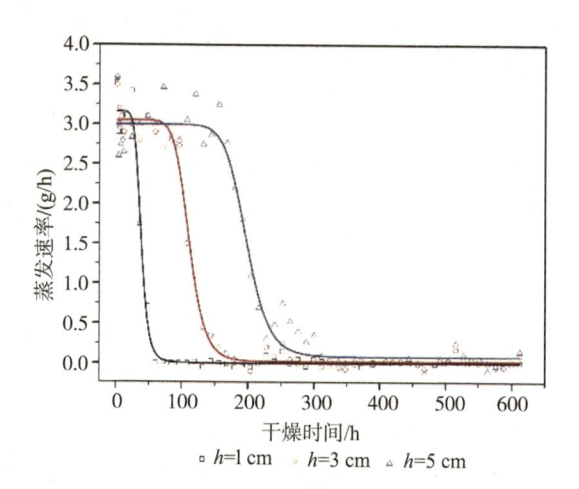

图 4-6　不同基材厚度的复合基材试样蒸发速率-干燥时间关系曲线

### 2. 基材厚度对改良客土基质开裂形态的影响

图 4-7 为不同基材厚度的复合基材试样表面裂隙形态。通过图 4-7 的对比分析可以看出,基材厚度会对试样表面裂隙形态特征造成较大影响。厚度为 1 cm 的试样 S1,其表面裂隙网络由较多形态相似块区构成,且裂隙宽度、长度等较为一致,无法分辨出主裂隙与次级裂隙。厚度为 3 cm 的试样 S2 与厚度 5 cm 的试样 S3,其表面裂隙网络主要由少数几条明显且较为宽大的主裂隙与沿主裂隙及容器边界伴生的若干条次级裂隙组成,其中,主裂隙的宽度与长度较大,而沿主裂隙发育的次级裂隙则多为微裂隙,其长度、宽度远小于主裂隙。

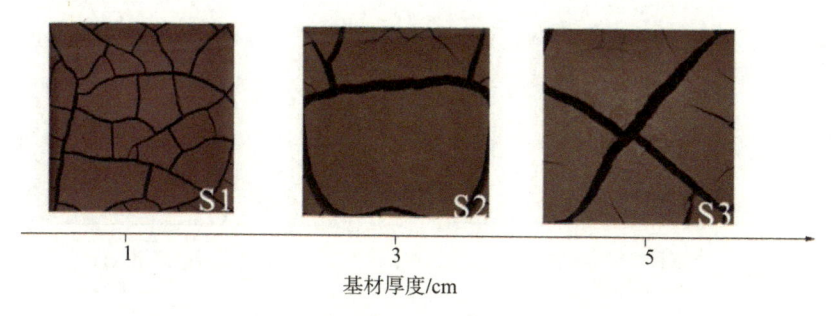

图 4-7　不同基材厚度的复合基材试样表面裂隙形态

### 3. 改良客土基质表层裂隙定量化分析结果

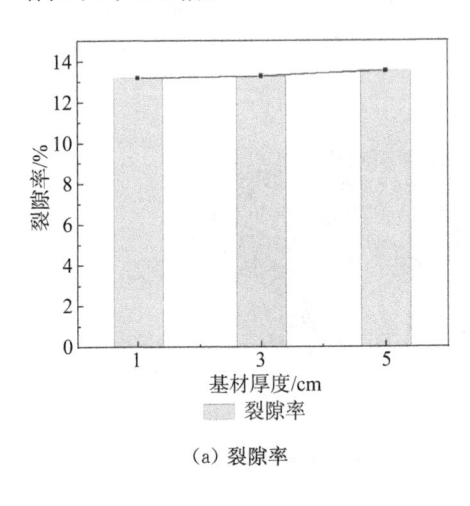

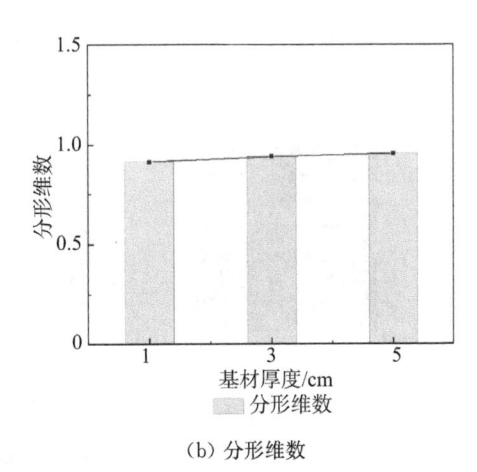

图 4-8 为基材试样相关裂隙参数随基材厚度变化关系图。图 4-8(a)与图 4-8(b)显示了试样裂隙率与分形维数随基材厚度的变化。从图 4-8(a)可以看出,随着基材厚度的增大,试样表面裂隙率逐渐提高。究其原因,基材厚度的增加,会增大裂隙发展空间,裂隙沿垂向上的发展会导致裂隙在横向上进一步扩展,最终导致其表面裂隙率随基材厚度的增加呈逐渐增大的趋势。分形维数作为度量物体或分形体复杂程度与不规则性的最主要参数,近年来被广泛应用于土体表面裂隙几何形态特征描述,分形维数越大,其试样表面裂隙网络形态的复杂程度与不规则性越高。从图 4-8(b)可以看出,随着基材厚度的增大,试样表面裂隙分形维数逐渐增大,即基材厚度越大,试样表面裂隙越复杂、越不规则。结合图 4-7 可知,当基材厚度为 1 cm 时(如 S1),试样表面裂隙较均匀,裂隙长度、宽度等参数都较为集中;当基材厚度达到 5 cm 时(如 S3),试样表面裂隙形态变得极不规则,并且裂隙长度、宽度等参数都较为分散,在裂隙图像上则表现为长度、宽度较大的宽大裂隙与长度、宽度较小的微裂隙共存。图 4-8(c)与 4-8(d)为裂隙平均宽度与平均长度随基材厚度的变化关系图。从图 4-8(c)与 4-8(d)可以看出,试样表面裂隙平均长度与平均宽度随基材厚度的增大而增大。随着基材厚度端增加,裂隙平均长度由 126.34 px 增加至 268.32 px,增长了约 1.1 倍;裂隙平均宽度由 13.11 px 增加至 25.19 px,增长了约 0.9 倍。

(a) 裂隙率

(b) 分形维数

(c) 裂隙平均宽度　　　　　　　　　(d) 裂隙平均长度

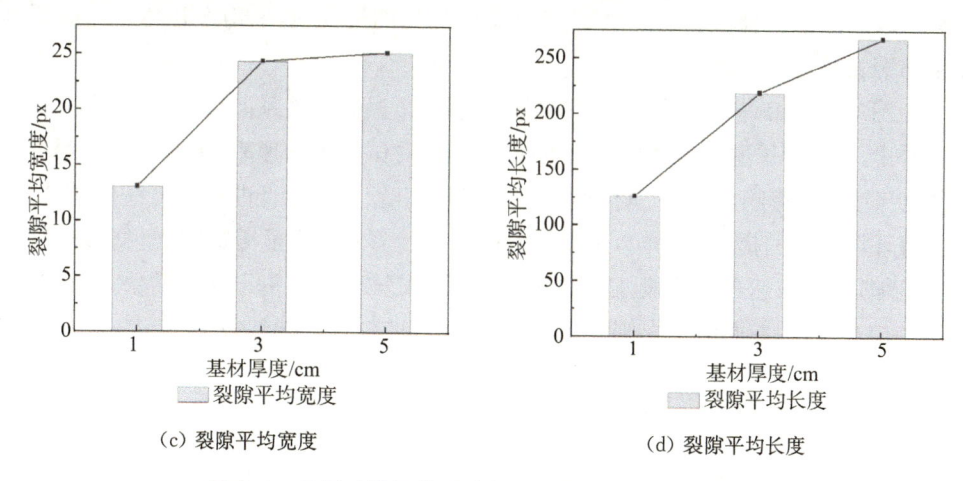

**图 4-8　基材试样相关裂隙参数随基材厚度变化关系图**

## 1.3　温度对复合基材失水特性影响

**1. 温度对改良客土基质蒸发曲线的影响**

图 4-9 为试样在不同温度下的含水率-干燥时间关系曲线。从图 4-9 可以看出,在聚丙烯酰胺含量相同的条件下,随着温度的升高,试样含水率-干燥时间关系曲线逐渐左移,曲线斜率越大,即试样整体蒸发稳定时间缩短,平均蒸发速率增大。如图 4-9 所示,试样在 25℃、40℃、55℃时整体蒸发稳定时间约为

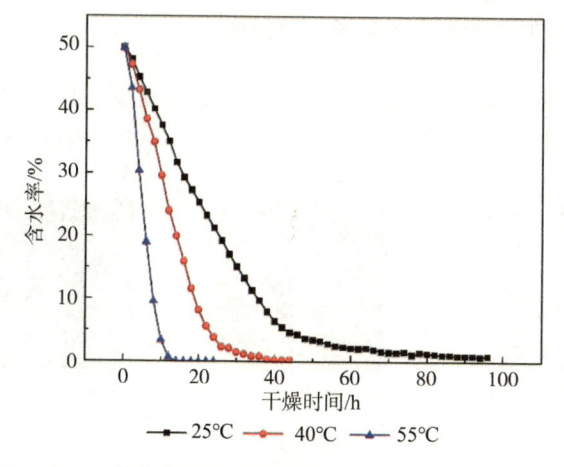

**图 4-9　试样在不同温度下的含水率-干燥时间关系曲线**

80 h、40 h、12 h,即试验温度由25℃升高至55℃的过程中,平均每升高5℃,试样整体蒸发稳定时间缩短约11.3 h。

图4-10为试样在不同温度下的蒸发速率-干燥时间关系曲线。从图4-10可以看出,在聚丙烯酰胺含量相同的条件下,温度对试样蒸发速率-干燥时间关系曲线会产生较大影响,总体上呈温度越高曲线越高陡、温度越低曲线越低缓的趋势。随着环境温度的提高,试样常速蒸发阶段的初始蒸发速率显著提高,且持续时间明显缩短;在减速蒸发阶段,随着温度的升高,试样蒸发速率下降速度快,持续时间也相对缩短,在曲线图上则表现为该段曲线斜率较大、曲线较陡。

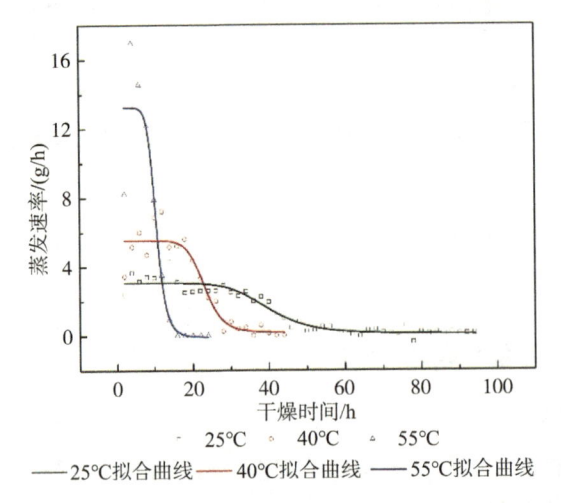

图4-10 试样在不同温度下的蒸发速率-干燥时间关系曲线

## 2. 温度对改良客土基质开裂形态的影响

图4-11为不同温度下的试样表面裂隙形态。从图中可以看出,不同温度条件下,试样表面裂隙形态有所差异,主要表现为随着温度的升高,试样表面块区

图4-11 不同温度下试样表面裂隙形态

个数稍有减少,块区面积相对增大,试样表面裂隙宽度也随着温度的升高呈现增大的趋势。并且从图4-11还可以发现,随着聚丙烯酰胺含量的增加,温度对其表面裂隙的影响更加明显。

**3. 改良客土基质表层裂隙定量化分析结果**

图4-12为试样表面裂隙率、分形维数、裂隙平均宽度与平均长度随温度变化的关系图。从图4-12(a)可以看出,试样表面裂隙率与温度存在一定的相关关系,即温度越高,裂隙率越大。从图4-12(b)可以看出,试样表面分形维数随温度的升高呈现出递增的趋势。从图4-12(c)与图4-12(d)可以看出,试样表面裂隙平均宽度和平均长度随温度的升高呈递增的趋势。

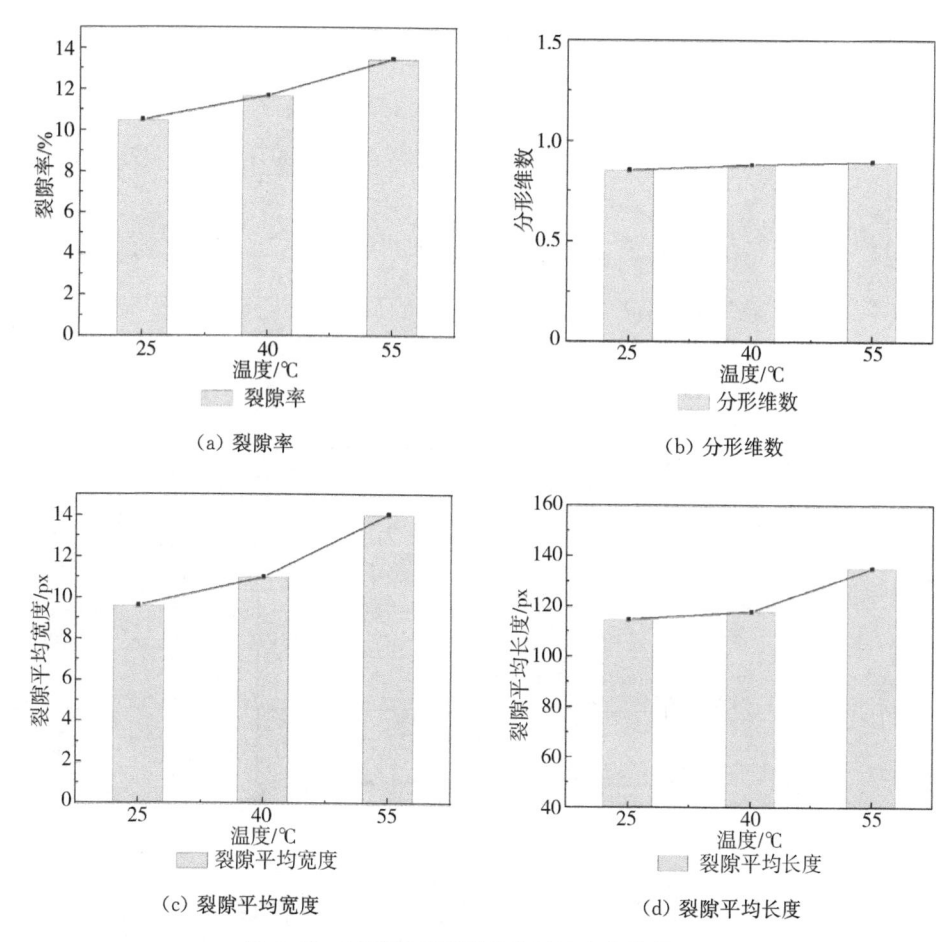

(a) 裂隙率

(b) 分形维数

(c) 裂隙平均宽度

(d) 裂隙平均长度

**图4-12 试样相关裂隙参数随温度变化关系图**

## 1.4 干湿循环条件下客土基材开裂特性

**1. 干湿循环中客土基质蒸发曲线的影响**

干湿循环试验中不同聚合物浓度条件下试样的蒸发曲线如图 4-13 所示。由图 4-13 可知,在经历不同次数干湿循环试验后试样的蒸发曲线与单次蒸发开裂试验中试样蒸发曲线的变化趋势相似,均表现为:在试验的初始阶段,各试样的蒸发曲线呈现出线性减小的趋势;随着试验的不断推进,各试样的蒸发曲线逐

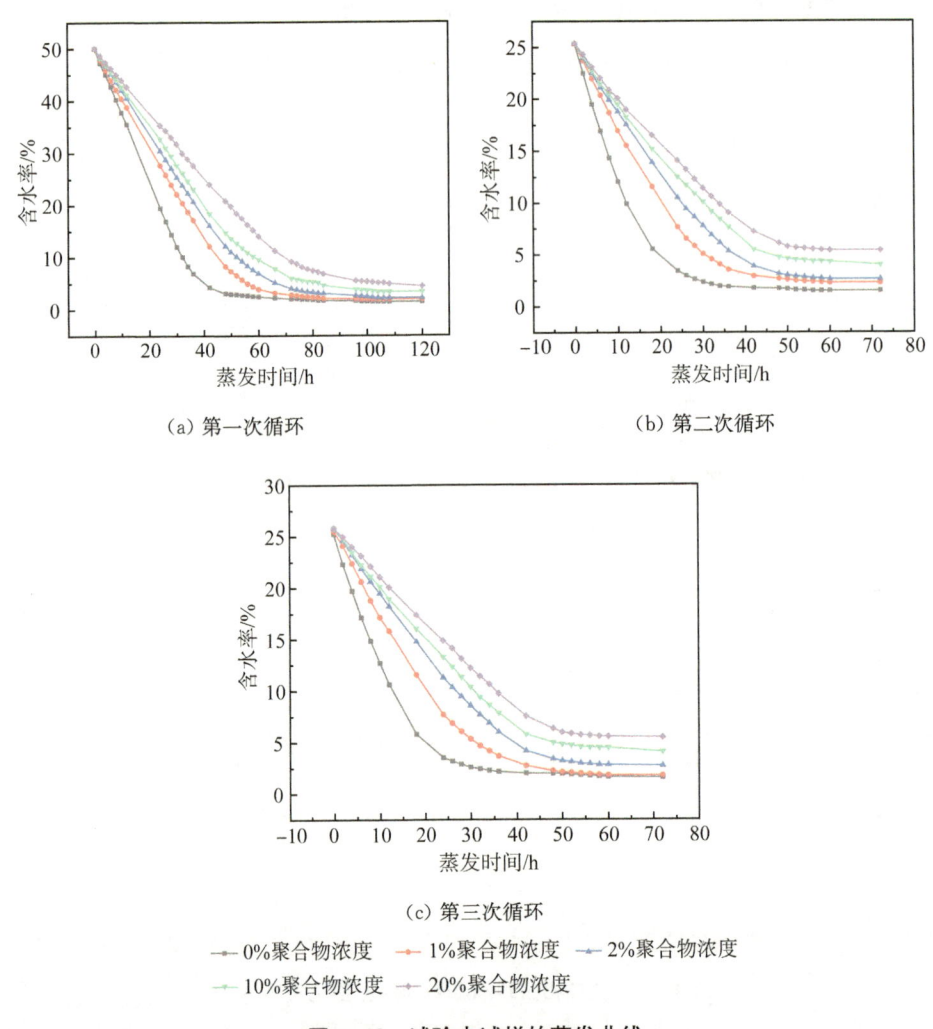

(a) 第一次循环

(b) 第二次循环

(c) 第三次循环

— 0%聚合物浓度　— 1%聚合物浓度　— 2%聚合物浓度
— 10%聚合物浓度　— 20%聚合物浓度

**图 4-13　试验中试样的蒸发曲线**

渐趋于平坦，试样的含水量逐渐达到残余含水量。对经历不同次数蒸发开裂试验试样的蒸发曲线进行横向对比可以发现，经历不同次数试验后蒸发曲线的变化趋势呈现出相似的变化趋势，各曲线在直线段的斜率也基本一致，试验结束时各试样的残余含水量也基本相同。

根据图 4-13 计算经历不同次数干湿循环试验试样的蒸发速率，其结果如图 4-14 所示。由图 4-14 可知，在经历不同次数干湿循环试验后试样的蒸发速率-蒸发时间曲线与单次蒸发开裂试验中试样蒸发速率-蒸发时间曲线的变化趋势相似，均为阶梯状。

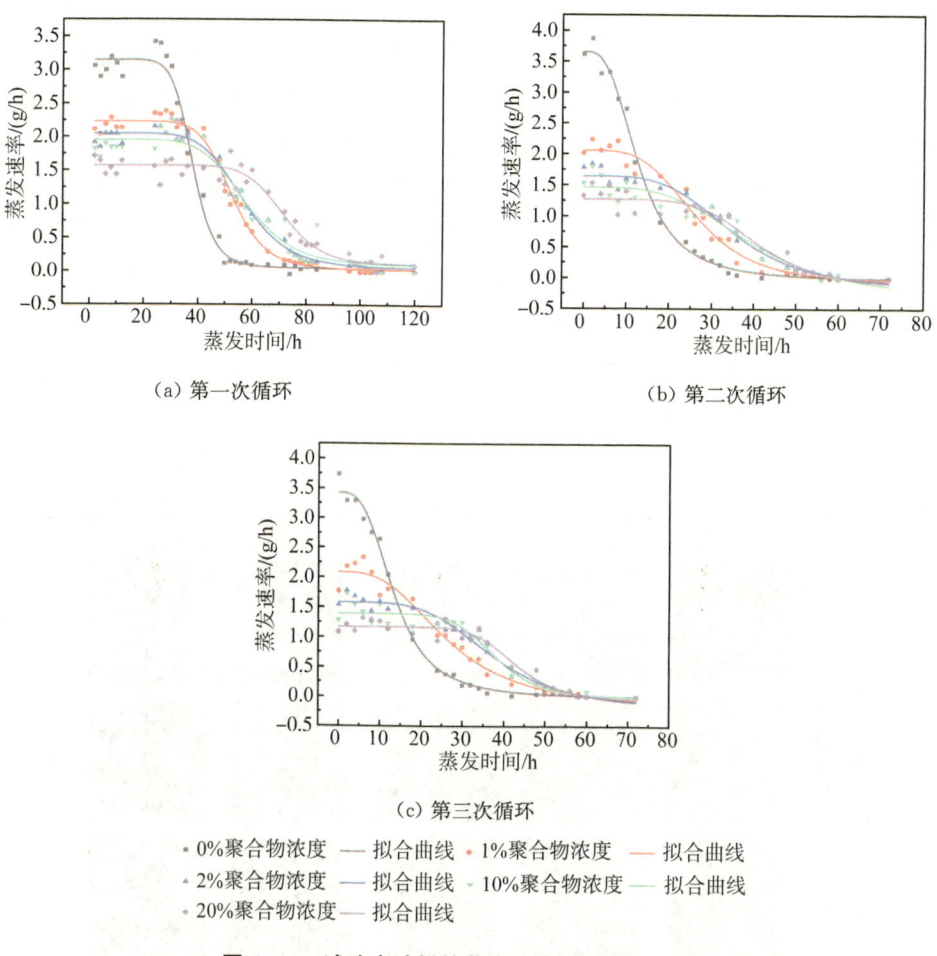

(a) 第一次循环

(b) 第二次循环

(c) 第三次循环

- 0%聚合物浓度 —— 拟合曲线 · 1%聚合物浓度 —— 拟合曲线
- 2%聚合物浓度 —— 拟合曲线 · 10%聚合物浓度 —— 拟合曲线
- 20%聚合物浓度 —— 拟合曲线

**图 4-14 试验中试样的蒸发速率-蒸发时间曲线**

与经历不同次数干湿循环试验后试样的蒸发曲线变化相同，经历不同次数干湿循环试验试样的蒸发速率-蒸发时间曲线与单次蒸发开裂试验试样的蒸发速率-蒸发时间曲线近乎完全一致,各试样在常速蒸发阶段的蒸发速率、常速率蒸发阶段的持续时间占比以及进入残余蒸发阶段时间在整个试验时间中的位置均基本一致。在经历多次干湿循环过程后,聚合物仍旧可以有效延缓客土基质中蒸发反应的发生,改善改良客土基质的蒸发耐久性。

**2. 干湿循环中聚合物对客土基质开裂形态的影响**

干湿循环试验结束后不同次数、不同聚合物浓度条件下改良客土基质表层开裂状态如图 4-15 所示。由图 4-15 可知,随着干湿循环试验次数的增加,各试样表面的裂隙均出现了一定程度的"愈合",裂隙的宽度发生明显减小,且试样表面的平整度逐渐降低。以聚合物浓度为 0% 的试样为例,经历第一次蒸发开裂试验时,试样表面裂隙发育较为复杂,裂隙的数量相对较多,裂隙之间相互交叉形成了典型的裂隙网络。经历第二次蒸发开裂试验时,试样中上部的裂隙出现一定程度的"愈合",裂隙边缘的光滑程度出现一定程度的下降,形态上较为粗糙。经历第三次蒸发开裂试验时,试样中上部裂隙的"愈合"现象更加明显,一部分裂隙转化为土体表面的连续性凹陷,裂隙边缘的光滑程度发生进一步下降。横向对比不同聚合物浓度的试样可以发现,随着聚合物浓度的增加,试样表面裂隙发生"愈合"的程度逐渐减弱。当聚合物浓度为 0% 和 1% 时,试样表面的裂隙形态随着试验次数的增加变化较大,较多的裂隙发生"愈合"。当聚合物浓度超过 1% 时,试样表面的裂隙形态随着试验次数的增加变化逐渐变小。聚合物的存在使得改良客土基质能够有效地抵抗连续蒸发开裂过程对于土体表面的破坏,增强试样在干湿循环中的稳定性。

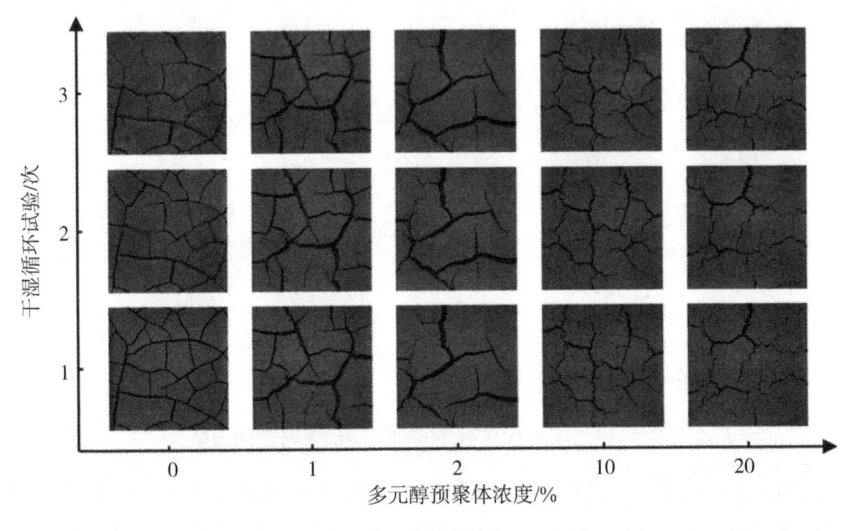

图 4-15 干湿循环试验后试样表层开裂状态

### 3. 干湿循环中客土基质表层裂隙定量化分析结果

采用 CIAS 系统对干湿循环试验后的试样图像进行处理从而获取各试样表层裂隙的几何特征,其结果如图 4-16 所示。由图 4-16 可知,随着干湿循环次数的增加,试样的开裂程度逐渐减弱。

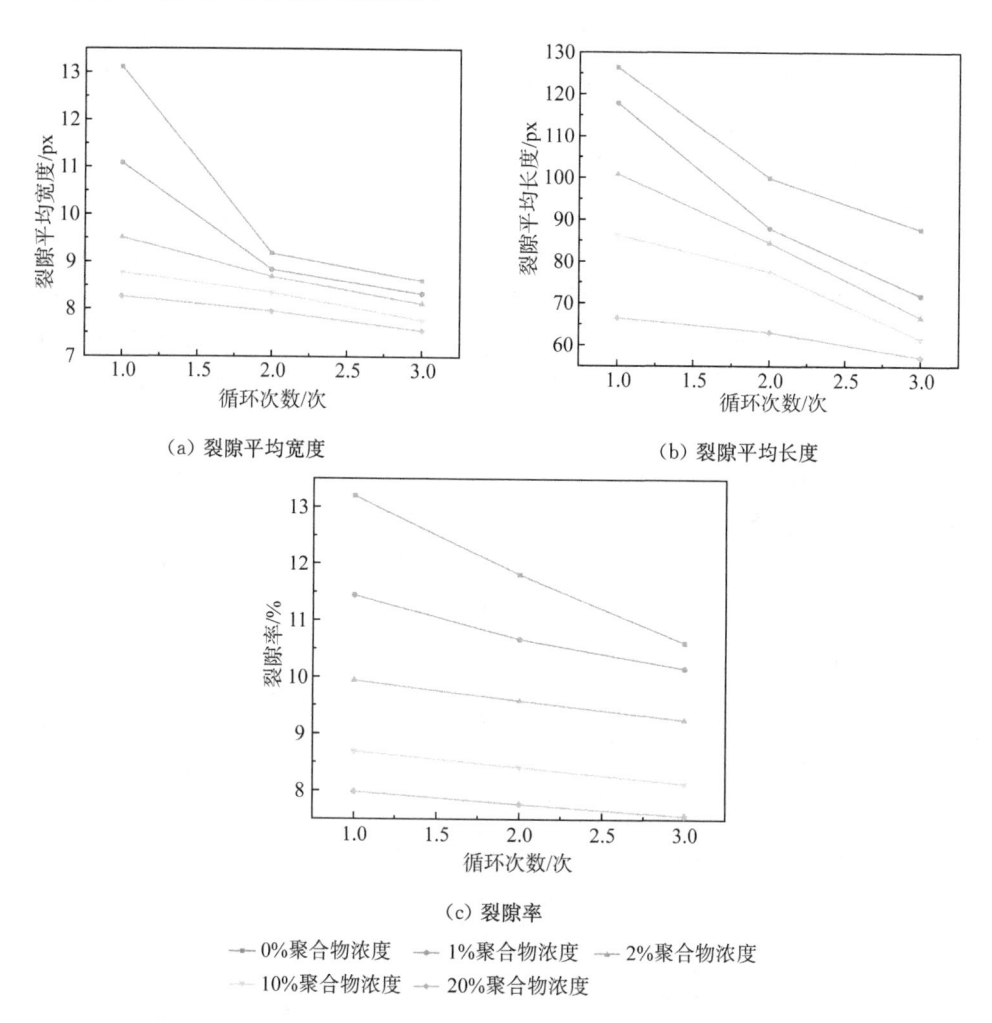

(a) 裂隙平均宽度

(b) 裂隙平均长度

(c) 裂隙率

— 0%聚合物浓度　— 1%聚合物浓度　— 2%聚合物浓度
— 10%聚合物浓度　— 20%聚合物浓度

**图 4-16　干湿循环试验中聚合物浓度与裂隙几何特征的关系曲线**

由图 4-16(a)和图 4-16(b)可知,随着干湿循环次数的增加,试样表面开裂后裂隙的平均宽度和平均长度均出现一定程度的减小。以聚合物浓度为 1%的试样为例,经历第一次蒸发开裂试验时,试样表面开裂后裂隙的平均宽度和平均长度分别为 11.08 px 和 117.81 px。当试样经历第二次蒸发开裂试验时,试样表面开裂后裂隙的平均宽度和平均长度分别减小至 8.84 px 和 87.94 px,减小程度分别为 20.22% 和 25.35%。当试样经历第三次蒸发开裂试验时,试样表面开裂后裂隙的平均宽度和平均长度分别减小至 8.33 px 和 71.83 px,相较于第二次蒸发开裂试验减小程度分别为 5.77% 和 18.32%。横向对比不同聚合物浓度的试样可以发现,随着聚合物浓度的增加,试样表面裂隙的平均宽度和平均长度减小的幅度逐渐降低。对于聚合物浓度为 1% 的试样,当干湿循环次数由 1 增加至 3 时,试样表面裂隙的平均宽度分别为 11.08 px 和 8.33 px,降低的幅度为 24.82%。对于聚合物浓度为 20% 的试样,当干湿循环次数由 1 增加至 3 时,试样表面裂隙的平均宽度分别为 8.26 px 和 7.55 px,降低的幅度为 8.60%。

根据二值化处理后获取的试样图像中裂隙的面积与土体的面积可以获得不同聚合物浓度条件下改良客土基质表层开裂后的裂隙率,其结果如图 4-16(c) 所示。由图 4-16(c) 可知,随着干湿循环次数的增加,试样的裂隙率逐渐降低。以聚合物浓度为 1% 的试样为例,当其经历的干湿循环次数由 1 增加至 3 时,试样的裂隙率分别为 11.44%、10.67% 和 10.16%,降低了 1.28%。随着聚合物浓度的增加,试样裂隙率随干湿循环次数增加而减小的幅度逐渐减小。当聚合物浓度由 0% 增加至 20% 时,各试样经历 3 次干湿循环后的裂隙率相较于经历第一次蒸发开裂试验后的裂隙率分别减少了 2.59%、1.28%、0.69%、0.56% 和 0.42%。

# 第 2 节
# 客土基材抗冲刷特性

## 2.1 基材表土抗冲刷特性

冲刷试验结束后,计算试验试样每分钟的土体流失速率,其结果如图 4-17 和图 4-18 所示。由两图可知,两组试样土体流失速率与冲刷时间之间的变化曲线大多呈现出相似的变化规律。

对于第Ⅰ组试样,在试验开始后各试样随着试验的逐渐进行相继出现土体流失的情况。由图 4-17 可知,随着时间的不断推进,各试样的土体流失速率大多先增大至峰值,后逐渐减小,最后趋于稳定。当聚合物浓度为 0% 时,试样的土体流失速率与时间的关系曲线为"双峰"曲线;当聚合物浓度为 1%、2%、10% 和 20% 时,试样的土体流失速率与时间的关系曲线为"单峰"曲线。对于聚合物浓度为 0% 的试样,冲刷试验开始后便在降水的作用下出现土体流失现象,且土体流失速率迅速增大。在试验开始 2 min 时,试样的土体流失速率达到第一个峰值,为 99.81 g/min。达到峰值后,试样的土体流失速率迅速降低。在试验开始后的 3~11 min,试样的土体流失速率呈现出不断减小并逐渐趋于稳定的趋势。在试验开始 12 min 时,试验的土体流失速率再次快速增大。在试验开始后 13 min,试样的土体流失速率达到第二个峰值,为 101.01 g/min。达到第二个峰值后,试样的土体流失速率逐渐降低并逐渐趋于稳定。对于第Ⅰ组其他四个试样,冲刷试验开始后各试样在降水的作用下相继出现土体流失现象,土体流失速率均逐渐增大至峰值。当聚合物浓度分别为 1%、2%、10% 和 20% 时,改良客土基质的峰值土体流失速率分别为 71.00 g/min、58.07 g/min、51.14 g/min 和

29.49 g/min。由此可知,随着聚合物浓度的增大,试样的峰值土体流失速率逐渐降低。在到达峰值后,各试样的土体流失速率随着时间的不断推进逐渐降低并趋于稳定。当聚合物浓度分别为1％、2％、10％和20％时,改良客土基质的峰值后的稳定土体流失速率分别为 23.44 g/min、15.03 g/min、8.21 g/min 和 4.20 g/min。与峰值土体流失速率规律相同,各试样峰值后的稳定土体流失速率随着聚合物浓度的增加逐渐降低。

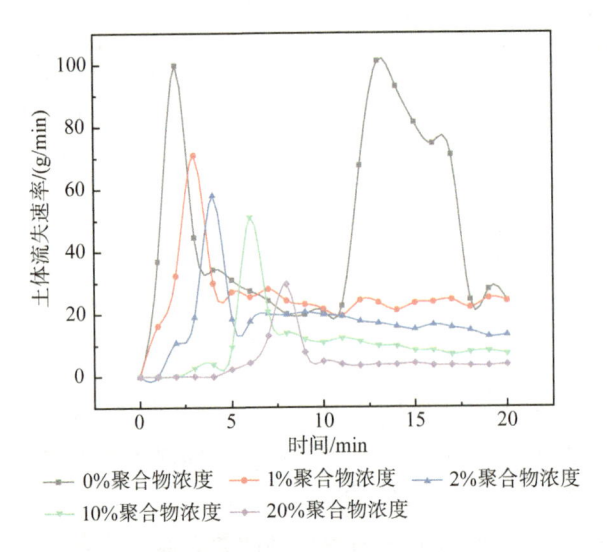

**图 4-17 改良客土基质土体流失速率与时间的关系曲线(第Ⅰ组)**

对于第Ⅱ组试样,在试验开始后聚合物浓度为0％、1％和2％的试样随着试验的逐渐进行相继出现土体流失的现象。由图 4-18 可知,随着时间的不断推移,各试样的土体流失速率呈现出先增大至峰值,后逐渐减小,最后趋于稳定。当聚合物浓度分别为0％、1％和2％时,改良客土基质的峰值土体流失速率分别为 25.16 g/min、4.16 g/min 和 0.87 g/min。随着聚合物浓度的增大,试样的峰值土体流失速率逐渐降低。在到达峰值后,各试样的土体流失速率随着时间的不断推进逐渐降低并趋于稳定。当聚合物浓度分别为0％、1％和2％时,改良客土基质的峰值后的稳定土体流失速率分别为 7.16 g/min、0 g/min 和 0 g/min。与峰值土体流失速率相同,各试样峰值后的稳定土体流失速率随着聚合物浓度的增加逐渐降低。对于聚合物浓度为10％和20％的试样,在试验过程中其土体流失速率与时间的曲线均保持水平,土体流失速率均恒定为 0 g/min,即两个试样在冲刷试验中没有发生土体流失现象。

将两组试样的土体流失速率进行对比可以发现,植被的存在可以有效提升改良客土基质的抗冲刷性。当聚合物浓度为0%、1%、2%和10%时，第Ⅱ组试样的峰值土体流失速率相较于相同浓度下第Ⅰ组试样的峰值土体流失速率分别下降了75.85 g/min、66.84 g/min、57.20 g/min和51.14 g/min。当聚合物浓度为20%时，第Ⅰ组试样的峰值土体流失速率已相对较小，且第Ⅱ组中该浓度试样表面植被较少。但是，对比两组试样的峰值土体流失速率可以发现，较少的植被仍旧可以降低土体的峰值土体流失速率，提高试样的抗冲刷性。

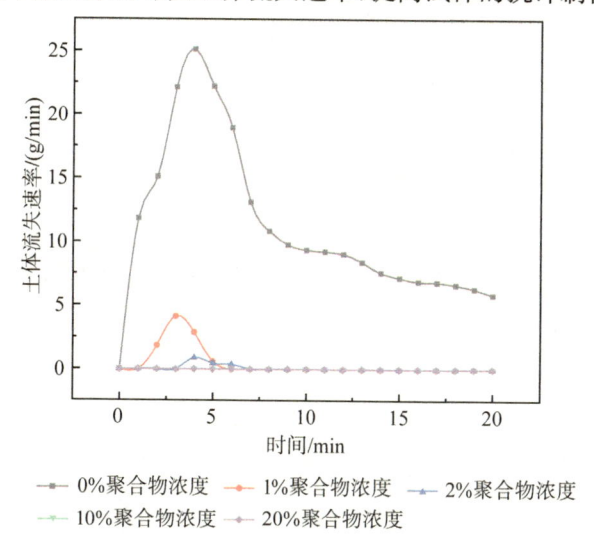

**图4-18 改良客土基质土体流失速率与时间的关系曲线（第Ⅱ组）**

对两组试样表面出现土体流失的初始时间进行统计，其结果如图4-19所示。

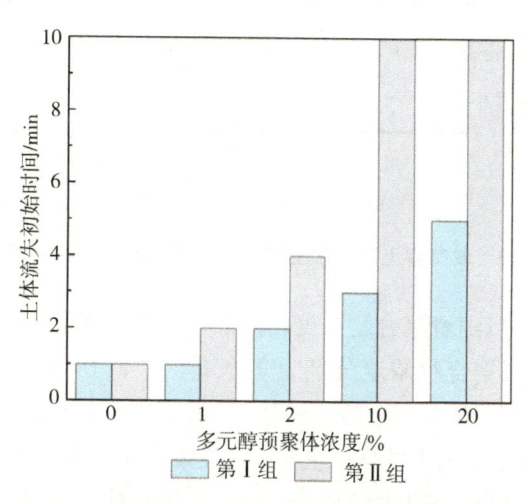

**图4-19 改良客土基质出现土体流失初始时间与聚合物浓度的关系图**

由图 4-19 可知,随着聚合物浓度的增加,试样表面出现土体流失的时间逐渐延缓。当聚合物浓度为 0% 时,两组试样均在试验开始后便出现土体流失现象,时间为试验开始后 1 min。当聚合物增加至 1% 和 2% 时,两组试样表面出现水土流失的初始时间分别由 1min、2min 延续至 2 min、4 min。当聚合物浓度继续增加至 10% 和 20% 时,第 I 组试样表面出现水土流失的初始时间分别为 3 min 和 5 min;而第 II 组试样表面在整个试验过程中均未出现水土流失。这进一步说明聚合物可以有效提升改良客土基质的抗冲刷性。

根据各试样的水土流失量计算各试样的水土流失率。水土流失率($R$)定义如公式(4.1)所示:

$$R = \frac{m}{M} \times 100\% \qquad (4.1)$$

式中,$R$ 为试样的水土流失率(%);$m$ 为试样表面流失土体的干重(g);$M$ 为试样初始的干重(g)。

水土流失率的计算结果如图 4-20 所示。

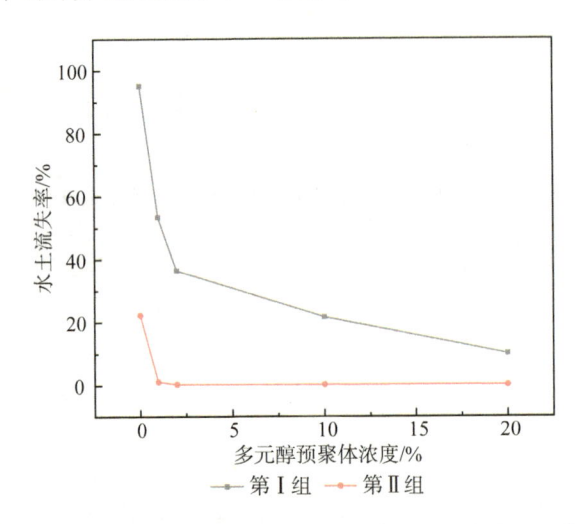

图 4-20 改良客土基质水土流失率与聚合物浓度的关系曲线

由图 4-20 可知,随着聚合物浓度的增加,两组试样的水土流失率逐渐降低。对于第 I 组试样,当聚合物浓度分别为 0%、1%、2%、10% 和 20% 时,试样的水土流失率分别为 95.13%、53.33%、36.36%、21.48% 和 9.87%,最终降低了 85.26%。其中,水土流失率的降低主要发生在聚合物浓度由 0% 提高到 1% 时,降低了 41.80%。当聚合物浓度由 1% 逐步增长至 20% 时,试样水土流失率的降低幅度减弱,相对降低量在43.46%以下。对于第Ⅱ组试样,当聚合物浓度分别为0%、1%、2%、10%和20%时,试样的水土流失率分别为25.18%、0.96%、0.17%、0%和0%,最终降低了25.18%。横向对比两组试样可以发现,第Ⅱ组试样的水土流失率远低于相同聚合物浓度条件下第Ⅰ组试样的水土流失率。第Ⅱ组试样中聚合物浓度为0%的试样,其水土流失率与第Ⅰ组试样中聚合物浓度为10%的试样相近,进一步说明植被的存在可以有效提升改良客土基质的抗冲刷性。

从图4-21(a)可以明显看出,冲刷量基本随着黄原胶含量的增加而减少,黄原胶只添加0.05%的土壤的最终冲刷量就能比素土的冲刷量大幅度减少,黄原胶含量达到0.15%时最终冲刷量不超过50 g,说明黄原胶对黏性土的防冲刷性作用效果明显,黄原胶可以有效提高黏性土的防冲刷能力。从图4-21(b)可以看到,冲刷率可以分为素土,含黄原胶0.05%和0.10%,含黄原胶0.15%和0.25%三个层级。冲刷率曲线都是线性增加,冲刷率曲线斜率变化不大,说明试样的冲刷是缓慢进行的,每分钟的冲刷量都比较均匀,不存在突然冲刷破坏的情况,且随着黄原胶含量的增加,曲线的斜率逐渐减小,甚至黄原胶含量为0.15%和0.25%时的冲刷率曲线趋于水平,即黄原胶含量达到0.15%时,已经很难冲刷了,表明黄原胶防冲刷效果良好。

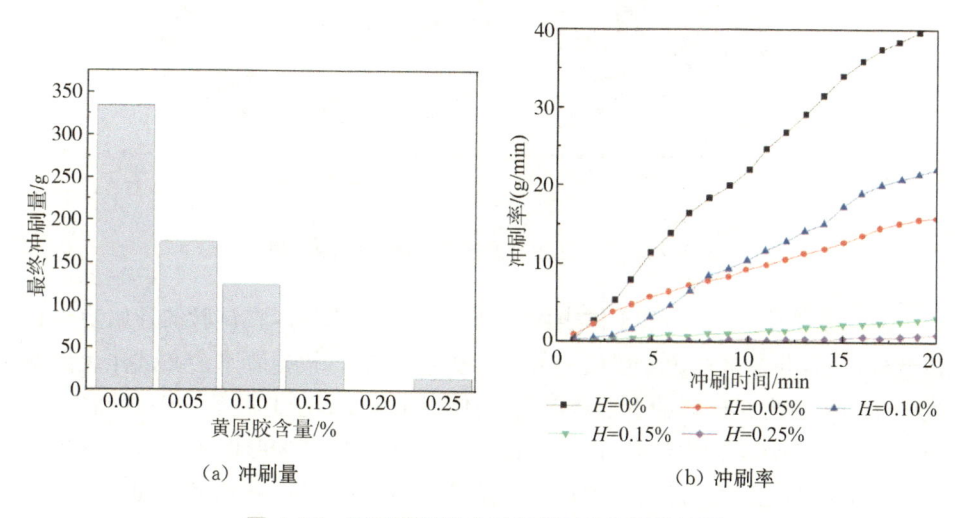

(a) 冲刷量

(b) 冲刷率

图4-21 不同黄原胶含量条件下冲刷量统计图

## 2.2 基材表土抗冲刷形态

两组试样在冲刷试验过程中的破坏形态如图4-22和图4-23所示。由图

4-22 和图 4-23 可知,聚合物能够有效改善改良客土基质的抗冲刷性,并且聚合物浓度的变化对坡面的破坏过程也存在着较为明显的影响。

图 4-22　改良客土基质冲刷破坏形态(第Ⅰ组)

对于第Ⅰ组试样,由于土体表面无遮挡,模拟降水可以在试验的开始阶段到达试样表面,并在试样表面形成一系列的破坏。同时,模拟降水会在试样表面形成径流。径流会在试样的下部聚集,从而使得试样下部土体的含水率逐渐提高。当试样中的水分接近饱和时,试样下部的土体在模拟降水形成的表面径流的作用下发生移动,试样表面出现破坏。当试验开始 5 min 时,聚合物浓度为 0% 和 1% 试样的下部已出现较大的破坏,可以明显观察到试样盒底部。聚合物浓度为 2% 试样的破坏正在进行,试样下部的土体被模拟降水形成的径流逐渐带走。而聚合物浓度为 10% 和 20% 试样的表面仍旧保持相对的完整,仅存在少部分土体的流失。当试验开始后 10 min,所有的试样均已发生破坏,试样的下部均出现不同程度的凹陷。此时,按照试样表面的完整程度对各试样进行排序:20% 浓度试样＞10％浓度试样＞2％浓度试样＞1％浓度试样＞0％浓度试样。当试验进行到 15 min 时，聚合物浓度为 0％的试样由于下部土体完全流失，上部土体缺少支撑发生下滑。同时，在模拟降水形成的径流作用下试样发生第二次破坏，大量的土体随着水流被带离试样。其余浓度试样的冲刷破坏则趋于稳定，各试样均有一定的土体被带离试样，但数量相对较小。当试验结束时，聚合物浓度为 0％的试样近乎完全被破坏，试样盒中仅残余少量土体。其余试样的破坏程度随着聚合物浓度的增加逐渐降低。当聚合物浓度为 20％时，试样仅下部发生一定的破坏，未出现较大规模的滑塌。

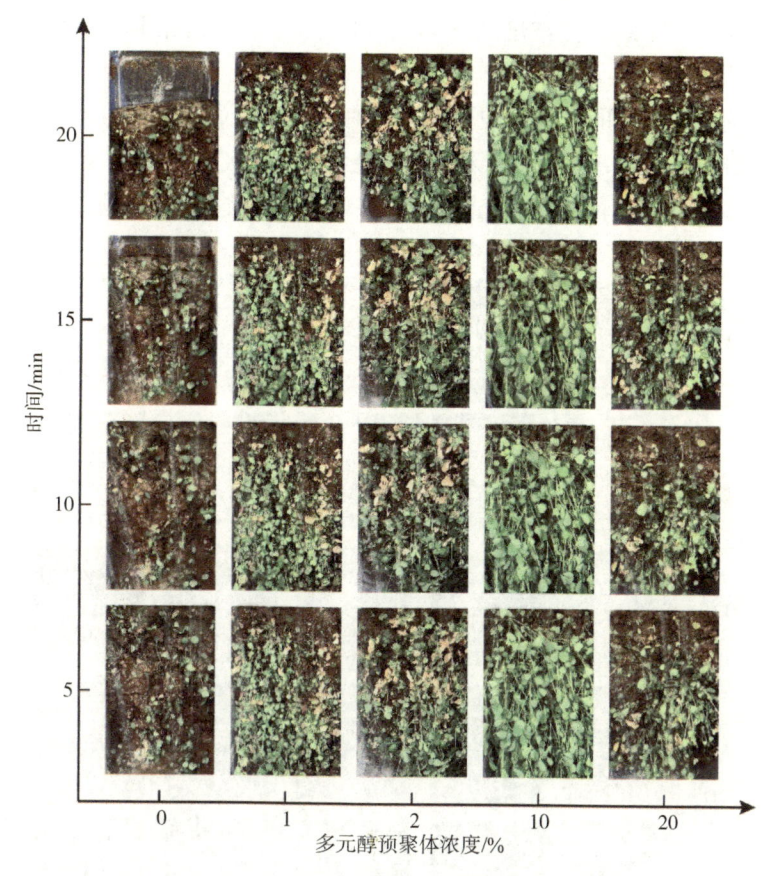

图 4-23　改良客土基质冲刷破坏形态（第Ⅱ组）

对于第Ⅱ组试样，由于试样表面存在一定的植被，植被的叶片能够在一定程度上阻止模拟降水直接接触到试样表面，从而延缓了模拟降水带来的冲刷破坏。然而由于不同聚合物浓度对于植被的生长存在着不同的作用，从而造成试样表面植被的覆盖面积存在着较大的差异，进而影响了植被叶片对降水的抵挡作用。

聚合物为 0%、1% 和 2% 试样的表面植被相对较少,模拟降水能够接触到试样表面,从而使得 0%、1% 和 2% 浓度的试样出现了一定的冲刷破坏。对于聚合物浓度为 20% 的试样,其表面的植被虽相对较少,但由于植被根系的存在,试样表面的土体被根系固定,从而使得试样表层保持相对完整。随着试验的不断进行,植被在降水的作用下出现一定的倒伏现象,进一步减少了模拟降水对于试样表面的影响。当试验结束时,聚合物浓度为 1%、2%、10% 和 20% 的试样均保持相对的完整,冲刷的痕迹主要体现在植被的倒伏现象。而聚合物浓度为 0% 的试样,由于其表面的植被较少,根系发育也相对较差,试样上部的土体出现了一定程度的下滑。但与第Ⅰ组相同浓度的试样进行比较可以发现,第Ⅱ组试样的破坏程度相对较低。

不同黄原胶含量的试样的破坏形态随时间的变化如图 4-24 所示,随冲刷进行,素土试样被雨水一边从表面入渗浸润土体,一边从裂隙进入,直接浸润试样底部。试样的整体土颗粒之间充满水分,在雨水的溅击之下,土颗粒从土体中脱

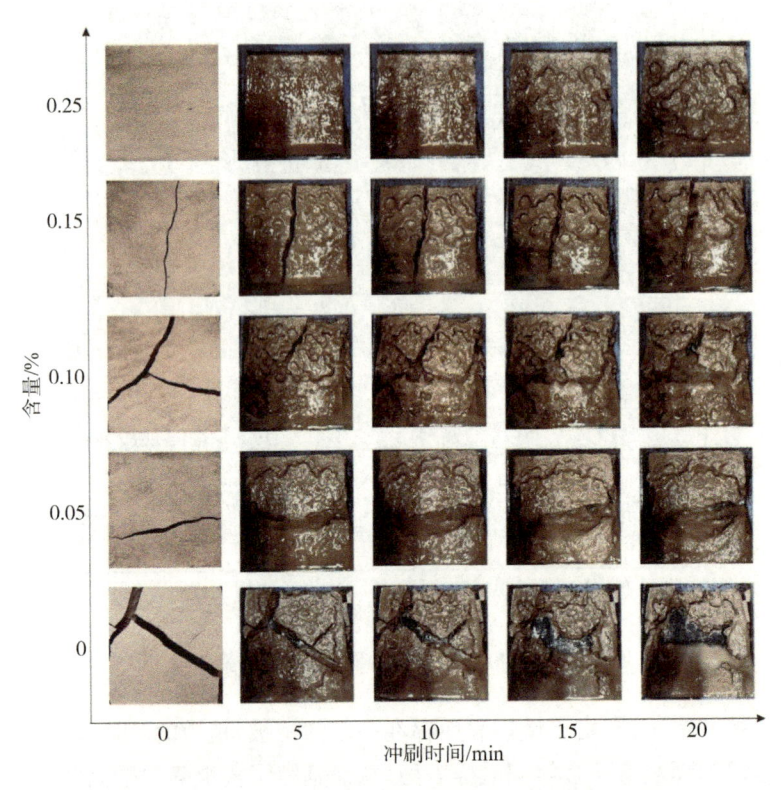

图 4-24 不同黄原胶含量试样冲刷破坏形态随时间变化图

离出来,破坏从裂隙边缘开始,慢慢扩大,最终造成整体破坏,冲刷下来的堆积土颗粒结构松散。含有0.05%黄原胶试样的破坏一层一层冲刷脱落,雨水降落冲力把饱和的土颗粒冲离土体,由径流把离体的土颗粒带走,冲刷下来的土颗粒是小粒的团聚体;含有0.1%黄原胶试样表面的雨滴溅击的形态逐渐清晰,雨痕越来越深,说明没有受到雨水溅击的部分即使被浸润,还有保持形态的能力,试样被冲刷冲透试样底部;含有0.15%黄原胶试样雨滴溅击的形态的同等清晰程度比含0.1%黄原胶的要出现得迟,说明雨水溅击不易破坏试样,两个试样块体还能保持完整;有0.25%黄原胶试样直到冲刷10 min后才见到明显的雨滴溅击痕迹,冲刷20 min后,甚至没有冲刷完试样的一层表面土体,被冲刷下来的土颗粒团聚体更大。

试样的冲刷破坏前后对比图,其形态变化随着黄原胶含量的变化如图4-24所示,可见,开裂黏性土受到降雨冲刷后,坡面破坏程度与黄原胶掺量及土体开裂程度密切相关。随着黄原胶含量的增加,试样的冲刷破坏程度越来越小,被冲刷掉的颗粒越来越少。可以看到,含黄原胶0%、0.05%、0.1%的试样被冲刷透底,且试样变形破坏重,冲刷掉的土颗粒是松散的;含0.15%和0.25%黄原胶的试样,还能保持完整性,被冲刷出的颗粒是黏土颗粒的团聚物。

不同黄原胶含量黏性土的冲刷颗粒如图4-25所示,可知土体中黄原胶掺量越高,土体越完整,防冲刷能力也就越强。黄原胶在土体中与水和黏土颗粒反应形成胶体和基质,令土颗粒间的联结能力增强,同时黏土的透水能力减弱,使得土体的防冲刷性能得到提升。流水在坡面形成的片流,对于坡面的冲刷是比较长时间的一个过程,但是黏性土的透水能力比较低,大量的水分抵达坡面的时候,不能快速被土体吸收入渗,就会在表面形成片流从而对坡面进行侵蚀。随着侵蚀不断持续,雨水冲蚀加重,直到把整个土体试样冲蚀透。降雨冲刷的机理是坡面表层的土体颗粒在被具有一定重力势能的雨点溅击下与土体分离,然后被雨水在坡面形成的流水冲刷搬运走,雨点冲蚀作用不间断地进行,破坏土体的整体结构,使得土体颗粒之间的接触减弱,进而降低土颗粒之间的黏结力,最后土体在自身重力作用下发生崩塌。

**图4-25 不同黄原胶含量改良黏性土冲刷颗粒**

# 第3节
# 客土基材保水性

## 3.1 客土基材保水特性

**1. 单次保水试验**

单次保水试验结果如图 4-26 所示。结果表明,在初始阶段,蒸发指数随时间的增加迅速增加,几乎呈线性趋势。随着时间的不断推移,各试样的蒸发指数不断地增加。当高分子聚合物浓度从 0% 增加到 20% 时,试样曲线的初始斜率

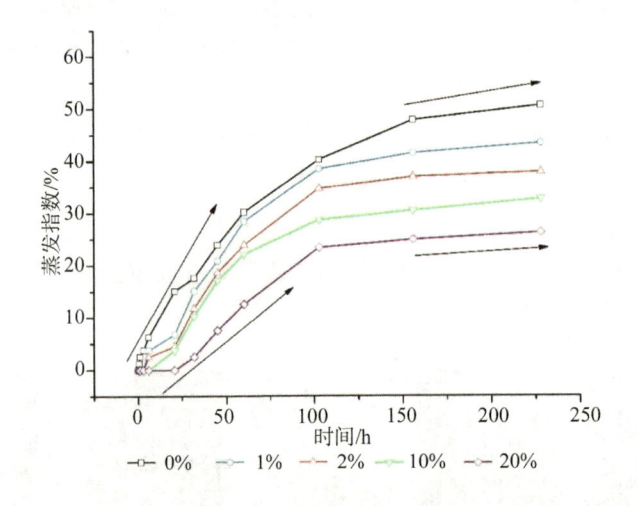

**图 4-26 单次保水试验结果**

略有下降。当时间超过60小时,各试样蒸发指数的增长率呈明显的下降趋势。单次保水试验结束时,各试样的最终蒸发指数均已经保持稳定。与添加0%浓度高分子聚合物的试样相比,加入20%浓度聚合物高分子聚合物试样的蒸发指数降低了约20%,说明高分子聚合物对土体保水性的提升作用非常显著。

图4-27展示了各试样的初始状态,可以看出随着复合材料含量的增加,试样的大孔隙明显增多,试样体积逐渐增大,对应的试样高度分别为3.7 cm、4.4 cm、4.8 cm、5.9 cm、6.9 cm,相对于素土分别增加了19%、30%、59%、86%。同时,随着复合材料含量的增加,试样的持水量逐渐增加,对应的持水量分别为402 g、503 g、603 g、771 g、938 g,相对于素土分别提升了25%、50%、92%、133%。这表明复合材料的掺入增加了黏土的团粒结构,黏土总孔隙度提高,有效孔隙增加,使得复合试样的持水性显著提升。试样的蒸发率在

(a) 复合材料含量0%/0%

(b) 复合材料含量1%/2%

(c) 复合材料含量2%/4%

(d) 复合材料含量3%/6%

(e) 复合材料含量4%/8%

**图4-27 各试样的初始状态**

0～358 小时内呈线性增长,蒸发速率几乎不变,在 358 小时后各试样植被开始发芽,其产生的蒸腾作用使得试样的蒸发速率逐渐增加。随着复合材料含量的增加,试样的蒸发曲线逐渐降低,其对应的平均蒸发速率分别为 0.14%/h、0.11%/h、0.10%/h、0.06%/h、0.06%/h,这表明复合材料的掺入提高了试样的保水性。

**2. 循环保水特性分析**

图 4-28 显示了循环保水试验中试样的蒸发指数($E$)与时间之间的关系。由图可知,每次循环试验的蒸发指数与时间趋势与单次保水试验的趋势相似。在初始阶段,随着时间的增加,各试样的 $E$ 值迅速增加,几乎呈线性增加状态。随着时间的推移,曲线的斜率逐渐减小。与单次蒸发试验相比,各曲线在每次循环试验结束时仍保持较高的斜率。但随着高分子聚合物浓度从 0% 增加到 20%,试样累计蒸发量从 729.47 g 减少到 426.68 g,下降了 41.51% 左右。

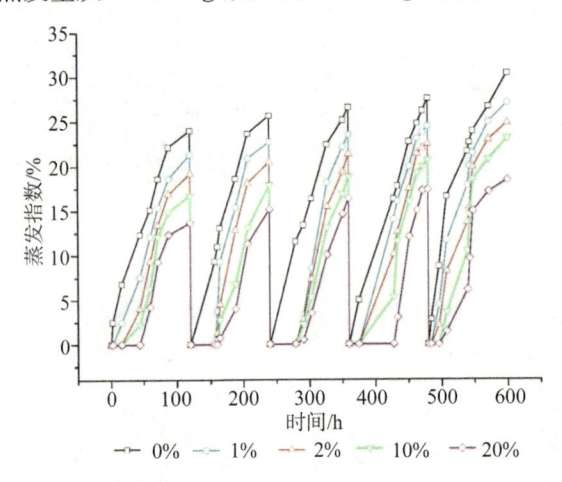

图 4-28 循环保水试验结果

## 3.2 高聚物对客土基材保水特性影响

**1. 高聚物改良客土基质崩解曲线**

素土试样和高聚物(聚乙酸乙烯酯)复合试样崩解量-时间和崩解速率-时间关系曲线分别见图 4-29 和图 4-30。随着高聚物掺量的增加,试样达到 50% 崩解量所需要的时间逐渐增加,分别为 205 min、253 min、288 min、>645 min、

>716 min，其对应平均崩解速率分别为 0.24%/min、0.20%/min、0.17%/min、<0.05%/min、<0.02%/min，这表明高聚物的掺入可以有效减小试样整体的崩解性。素土试样的崩解曲线表现出典型曲线的阶段性特征，0～120 min 为稳定前崩解阶段，此时崩解量约为 12%，在此阶段试样的崩解速率逐渐增加，120 min 以后试样进入稳定崩解阶段，崩解速率相对稳定，试样快速崩解。高聚物的掺入使得试样崩解曲线变化更加复杂。

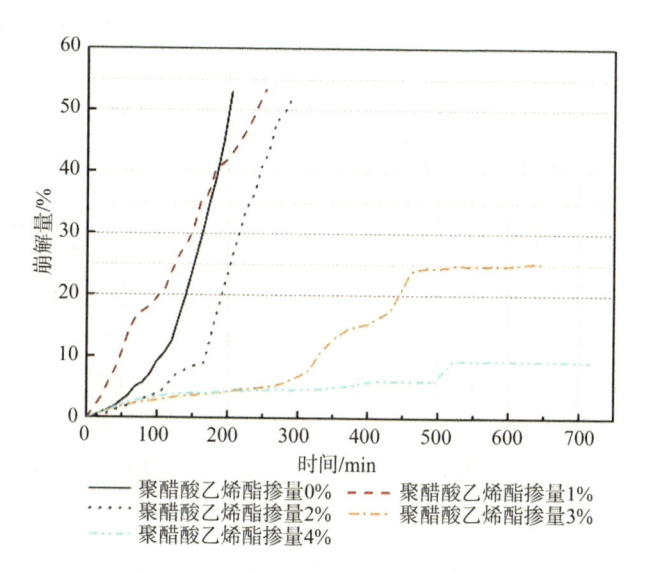

图 4-29 试样崩解量-时间关系曲线

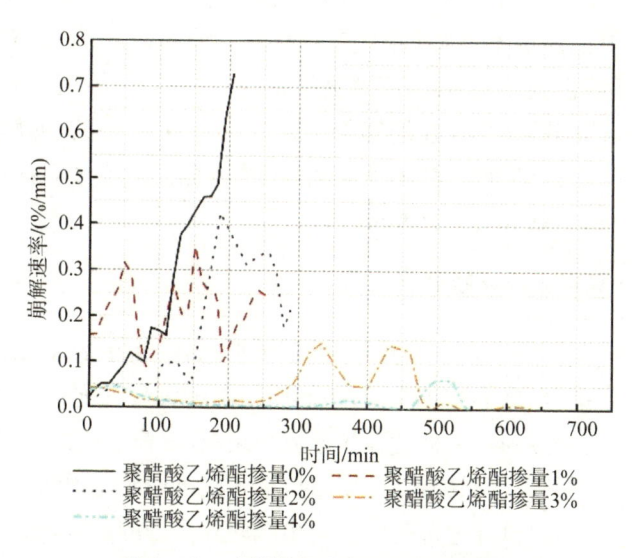

图 4-30 试样崩解速率-时间关系曲线

崩解速度主要取决于局部集中应力的大小和土体的强度两个方面,前者取决于扩散层的厚度,后者取决于土的结构、胶结程度等。在高聚物掺量为1%、2%时,复合试样的崩解曲线整体趋势与素土试样相似。当高聚物掺量为1%时,复合试样在0~70 min时崩解速率相对于素土试样大幅度增加;70~120 min时崩解速率与素土相近;120 min后崩解速率较素土明显降低,在0.10~0.35%/min之间波动。试样试验过程初期崩解速率的提升主要是由聚合物共有的吸水性引起的,聚合物的吸水性导致水入侵土体的速率加快,使土体表面局部集中应力增加,由于高聚物掺量较小,对土体的强度提升有限,从而加快土体初期的崩解速率。随着之后试样整体含水率的提升,局部集中应力减小,使得崩解速率明显减缓。通过对比复合试样崩解量变化曲线可以发现,随着高聚物掺量的增加,其对土体强度的提高明显弥补了其吸水性带来的负面效果,土体初期崩解速率显著降低。

当高聚物掺量为3%、4%时,试样崩解曲线表现出多阶段循环崩解方式,以高聚物掺量3%为例,试样0~241 min、241~401 min、401~508 min表现为3个典型曲线阶段的叠加,这是由高聚物的强度特性决定的。随着高聚物吸水量(存在上限)的增加,作用于土颗粒表面的弹性凝胶强度逐渐减弱(存在下限),当其提供的强度不足以弥补集中应力带来的破坏时,试样发生崩解。集中应力主要是由于水进入孔隙或微裂隙不平衡,导致土粒间斥力超过吸力而形成,它随着试验过程试样整体含水率的增加而减小。而在试验初期,高聚物对土体强度的大幅度提升减小了集中应力对土体的破坏,给予了土体提高本身含水率所需要的时间。随着试样整体含水率的提升,集中应力下降,集中应力和土体强度达到平衡时,试样停止破坏。因此,高聚物掺量为3%和4%的试样的崩解曲线表现出多阶段循环崩解,并分别在崩解量达到24%和9%时停止崩解。随着高聚物掺量的增加,复合试样的崩解速率峰值逐渐延后,其对应的时间分别为151 min、187 min、332 min、522 min。

**2. 高聚物复合基材崩解形态**

图4-31为素土试样在试验过程中的崩解形态,时间在18 min时,试样表面呈碎屑状土粒脱落,出现许多小孔洞,在其周围出现大量气泡;当时间到79 min时,试样表面小孔洞逐渐扩大彼此连接形成小裂隙,试样底部边缘先发生大面积崩解,呈片状土块脱落;当时间120 min时,水开始出现明显浑浊,试样表面小裂隙逐渐扩大彼此连接,试样上部边缘土块出现向外倾倒的趋势,试样下部由外向内持续破坏;当时间到163 min时,水变得更加浑浊,试样外层土体已完全脱落,

由于在试样圆柱棱的应力集中效应更加明显,试样中部较两端的破坏程度更低;当时间到 205 min 时,水已经变得浑浊不清,试样呈"鼓状",试样上部仍较为光滑。

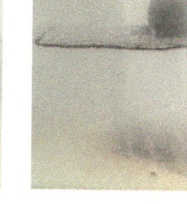

(a) 18 min　　　　　　(b) 79 min　　　　　　(c) 120 min

(d) 163 min　　　　　　(e) 205 min

**图 4-31　素土试样的崩解形态**

图 4-32 为高聚物掺量 4% 的试样在试验过程中的崩解形态,并分析试样在素土试样和复合试样崩解形态发生的变化。不同于素土试样的持续性破坏,在 0~332 min 时,试样一直处于吸水膨胀发育裂隙阶段,几乎未发生崩解,直到裂隙完全发育贯穿整个试样时,大块土体才由内向外发生倾倒,使得试样崩解速率突然增加。同时,脱落的团粒土块也并未完全崩解,有一大部分落于网格上,表明高聚物的掺入增加了试样的整体性,这也是复合试样崩解曲线发展呈现多阶段性的主要原因。

(a) 12 min　　　　　　(b) 200 min　　　　　　(c) 332 min

(d) 432 min  (e) 543 min

图 4-32 高聚物掺量 4%复合试样崩解形态

# 第4节
# 客土基材植被固土特性

## 4.1 植被发芽率统计

聚合物浓度与植被种子初始发芽时间之间的关系如图4-33所示。由图4-33可知,随着聚合物浓度的增加,各试样植被种子的初始发芽时间呈现出先降低再不变后增加的趋势。随着试验的进行,最早发芽试样的聚合物浓度为1%和2%,初始发芽的时间为3 d;随后,聚合物浓度为10%的试样中植被种子发芽,时间为4 d;聚合物浓度为0%和20%的试样最后发芽,初始发芽时间为6 d。

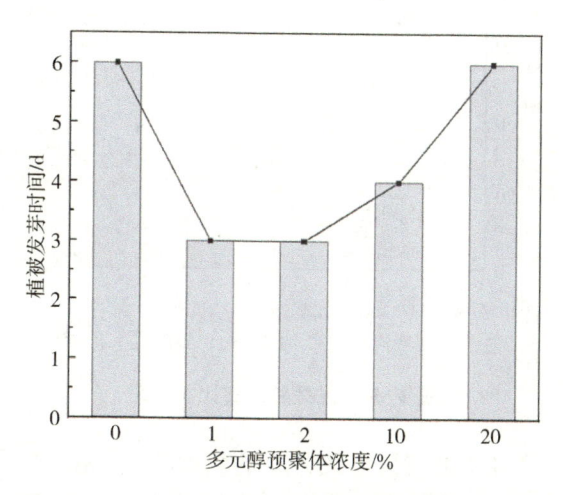

图4-33 植被生长试验中植被初始发芽时间统计图

不同聚合物浓度的试样均在养护箱中进行了为期 30 d 试验,在试验过程中对不同品种种子的发芽情况进行统计,统计结果如图 4-34 所示。由图 4-34 可知,不同浓度的聚合物对不同种子的发芽起到了不同的作用。对于紫花苜蓿和紫穗槐两种植被,一定浓度的聚合物能够促进这两种植被种子的发芽。对于紫花苜蓿种子,当聚合物浓度为 0% 时,发芽的紫花苜蓿仅占所有种子的 5%;随着聚合物浓度增加至 1%、2% 和 10%,发芽的紫花苜蓿占所有种子的比例逐渐增加,分别为 16%、32% 和 35%,最终提升了 30%。对于紫穗槐种子,当聚合物浓度为 0% 时,发芽的紫穗槐仅占所有种子的 3%;随着聚合物浓度增加至 1%、2% 和 10%,发芽的紫穗槐占所有种子的比例逐渐增加,分别为 13%、30% 和 32%,最低提升了 29%。当聚合物浓度达到 20% 时,发芽的两种植被种子在所有种子中的占比发生较大程度的下降,分别下降至 13% 和 11%。造成这种情况的主要原因在于试样表层硬度过高,种子无法突破其上覆的土体。对于马棘种子,聚合物的对其发芽起到了一定的抑制作用。当聚合物浓度为 0% 时,发芽的马棘种子占所有种子的 4%;随着聚合物浓度的逐渐增加,发芽马棘种子的占比呈现出下降的趋势;当多元醇预聚体浓度达到 10% 时,发芽马棘种子的占比仅为 1%;当多元醇预聚体浓度达到 20% 时,试样表层无法找到发芽的马棘植株。

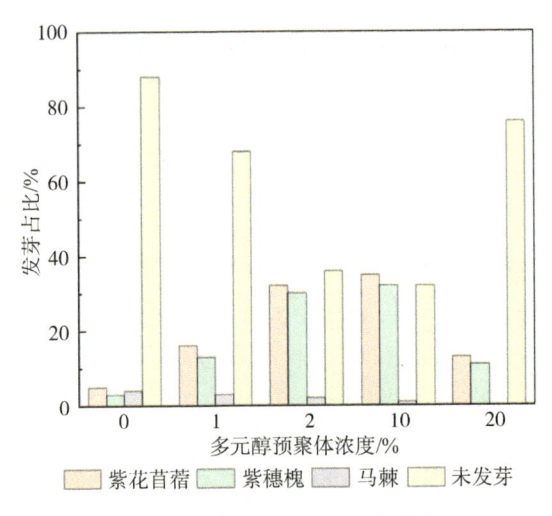

图 4-34 发芽种子占比统计图

图 4-35 为聚合物浓度与植被种子发芽率之间的关系。由图 4-35 可知,随着聚合物浓度的增加,植被种子的发芽率呈现出先增大后减小的趋势,植被发芽率的峰值出现在聚合物浓度为 10% 时。当聚合物浓度分别为 0%、1%、2% 和

10%时,试样的植被种子发芽率分别为 12%、34%、65% 和 68%,最终提升了 56%。

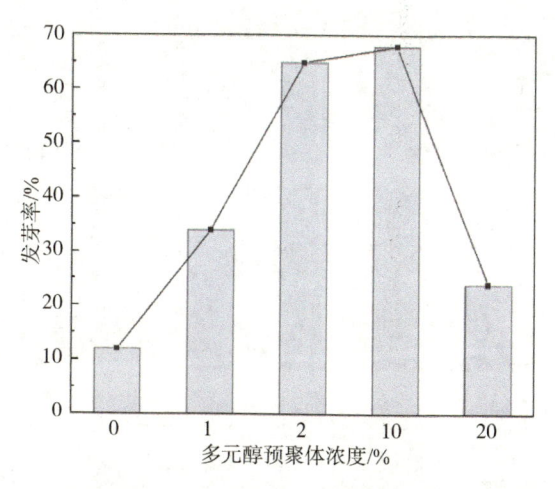

**图 4-35　植被生长试验中植被种子发芽率统计图**

随着聚合物浓度的增加,植被种子发芽率的增加速率呈现出先增大后降低的趋势。当聚合物浓度由 0% 提升至 1% 和聚合物浓度由 1% 提升至 2% 时,试样的植被种子发芽率分别提升了 22% 和 31%。而当聚合物浓度由 2% 提升至 10% 时,试样的植被种子发芽率仅提高了 3%。当聚合物浓度达到 20% 时,试样的植被种子发芽率发生较大幅度的下降,仅为 24%,下降了 44%。

## 4.2　植被生长状态

聚合物浓度与植被生长状态的关系如图 4-36 所示。由图 4-36 可知,在植被生长的不同时期,聚合物对于植被生长均存在着一定的促进作用。在试验开始后第 10 d,各试样中的植被种子均已发芽。按照植被覆盖率对各试样进行排序:2% 浓度试样 ≈ 1% 浓度试样 > 20% 浓度试样 > 10% 浓度试样 > 0% 浓度试样。对于聚合物浓度为 2% 的试样,其植被覆盖率达到 70% 左右。而对于聚合物浓度为 0% 的试样,其植被覆盖率仅为 35% 左右。此时,各试样的植被覆盖率与其初始发芽时间存在着较为密切的关系。初始发芽时间越短,植被覆盖率也相对越高。不同聚合物浓度的影响主要体现在 0% 试样与其他试样之间。

图 4-36 聚合物浓度与植被生长状态间的关系图

当试验进行到第 20 d,聚合物浓度对于植被生长的影响逐渐增大。此时,按照植被覆盖率对各试样进行排序:2%浓度试样＞1%浓度试样≈10%浓度试样＞20%浓度试样＞0%浓度试样。对于聚合物浓度为 2%的试样,由于其聚合物浓度较大,其植被覆盖率达到了 85%。而与其同时发芽的 1%聚合物浓度的试样,植被覆盖率约为 75%。10%聚合物浓度试样的植被覆盖率与 1%聚合物浓度试样的植被覆盖率基本一致,均为 75%左右。20%聚合物浓度试样的植被覆盖率也有明显提升,达到了 65%左右。而聚合物浓度为 0%的试样,其植被覆盖率仅有小幅度的提升,约为 40%。

当试验结束时,各浓度试样的植被生长发生了进一步的变化。此时,按照植被覆盖率对各试样进行排序:10%浓度试样＞2%浓度试样＞1%浓度试样＞20%浓度试样＞0%浓度试样。对于聚合物浓度为 10%的试样,其植被发育状态良好,植被叶片面积较大,植被覆盖率达到了 90%以上。相比之下,原本发育较好的 2%聚合物浓度试样的植被发育则相对慢,叶片面积较 10%聚合物浓度试样小,植被覆盖率在 90%左右。1%聚合物浓度试样的植被发育状态处于中等水平,植被覆盖率约为80%。20%聚合物浓度试样的植被发育较差,植被覆盖率约为75%左右。而聚合物浓度为0%的试样,其植被发育状态不良,部分土体处于裸露状态,无植被覆盖,总体植被覆盖率在45%左右。植被生长高度较低,叶片面积较小。

各试样植被生长平均高度-时间变化曲线见图4-37。各试样均在357 h左右开始发芽,在357~572 h,各试样植被平均高度呈线性快速增长,各试样植被平均高度相差不明显。572 h以后复合试样植被生长平均高度增长速率相对减小,素土试样植被基本停止生长。在716 h时,随复合材料含量的增加,试样植被生长平均高度分别达到了8.8 cm、11.2 cm、11.4 cm、11.8 cm、11.3 cm。

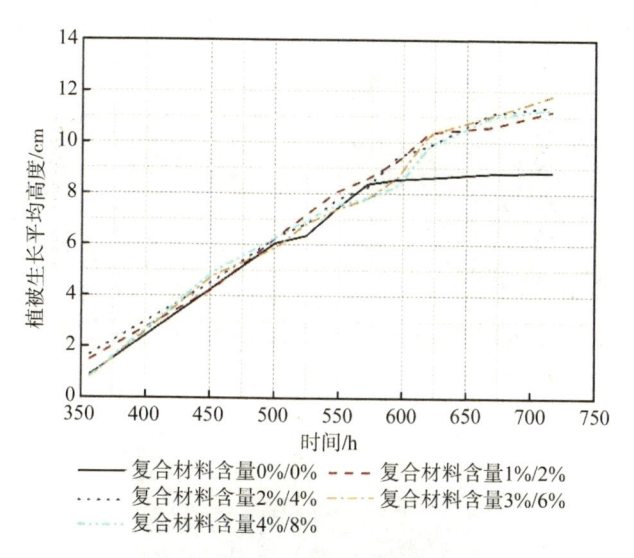

**图 4-37　各试样植被生长平均高度-时间变化曲线**

图4-38展示了716 h时各试样的植被生长状态,图4-38(a)中素土试样植被叶片干瘪、弯垂,试样因开裂出现多条大裂隙,随着复合材料掺量的增加,复合试样植被叶片更加饱满、挺拔,未出现裂隙,试样整体向内收缩。这表明复合材料的掺入并不会对植被的生长产生不利影响。土体持水性和保水性的提升使得土体在较长时间干旱的条件下仍能保证植物的良好生长,提高了土壤肥力。

综上所述,聚合物可以在一定程度上促进植被的生长。在生长初期,聚合物的影响较小,但随着植被的生长,聚合物的作用逐渐增强。且随着聚合物浓度的增加,聚合物对植被的生态发育促进作用也逐渐得到提升。但当聚合物浓度过高时,植被的生长受到一定限制。这主要是因为高聚物浓度试样的整体性较高,土体内部孔隙较少,植被根系的生长发育受到抑制,进而影响植被的发育。

(a) 复合材料含量 0%/0%

(b) 复合材料含量 1%/2%

(c) 复合材料含量 2%/4%

(d) 复合材料含量 3%/6%

(e) 复合材料含量 4%/8%

图 4-38　716 h 时各试样植被生长状态

聚合物与水混合反应后所形成的薄膜状结构能够迅速分布于土体内部,通过缠绕与包裹等方式黏附在土颗粒表面,改变其结构特征。随着聚合物浓度的提高,这些薄膜状结构的数量不断增多使得一部分薄膜状结构在土颗粒之间的孔隙中相互聚集、连接,从而在土体内部形成空间网状结构。空间网状结构的存在一方面使得土体的整体性得到一定提升,从而增强土体的强度。

另一方面,空间网状结构能够吸收一部分土体内游离态的水分,同时其孔隙能够存储一定的水分。

植被种子在发芽的过程中需要充足的水分和氧气。在相同的外界水分补给条件下,由于聚合物形成的空间网状结构,改良客土基质单位体积的含水量高于未改良土体。同时随着聚合物浓度的增加,改良客土基质单位体积的含水量也逐渐增加。较高的单位体积含水量可以为植被种子的发芽提供充足的水分,促进其发芽。在试验中,改良客土基质(聚合物浓度为1%、2%和10%)植被种子的初始发芽时间相较于未改良土体(聚合物浓度为0%)的初始发芽时间较短,总体发芽率也相对较高。但是,随着聚合物浓度的增加,改良客土基质内部孔隙的体积减小,土体的透气性有所降低,土体内氧气的含量也相应减少,从而导致种子无法获得足够的氧气。除此之外,土体整体性的提升使得表层土体的硬度增大,植被种子形成的幼芽难以突破其上部的土体达到土体表面,造成植被种子的死亡。这两种因素共同作用,使得聚合物浓度为20%的改良客土基质中植被种子的初始发芽时间出现一定延后,发芽率降低。

在试验过程中,三种不同植被种子的发芽情况也存在显著差异,其主要的原因与土体中的水分含量有关。紫花苜蓿和紫穗槐均为喜湿植物,较高的土体含水量能够有效促进其发芽和生长。而马棘的耐湿性相对较差,仅能在一定含水量的土体中正常发芽和生长。当土体的含水量超出其耐受值时,其发芽和生长过程可能会延缓或终止。在相同的外界水分补给条件下,聚合物能够有效提升土体的单位含水量,所以紫穗槐和紫花苜蓿两种植被在改良客土基质中发芽种子的占比较高,且随着聚合物浓度的升高呈现出一定的增加趋势。而马棘的发芽种子占比相对较小,当聚合物浓度为20%时,试样中发芽的马棘种子占比为0%。

当植被种子生长出的幼芽突破表层土体后,植被生长所需的氧气来源由土体转换为空气。因此,在植被发芽后的生长初期(10 d),更高的发芽率可以有效提升改良客土基质表面植被的覆盖率。随着植被不断的生长(20 d和30 d),叶片的出现使得植被生长对水分的需求增大,从而使较高聚合物浓度改良客土基质的植被覆盖率逐渐提升。然而当聚合物浓度较高时,植被种子的发芽率降低,许多种子处于未发芽或发芽后无法突破其上部土体从而死亡。基于这种情况,即使聚合物浓度为20%时可以有效提升土体的单位体积含水量,但是改良客土基质的植被覆盖率也相对较低。

## 4.3 根系-土力学特性

**1. 有机黏结剂改良基材植被根系力学试验研究**

控制有机黏结剂含量为 0%、0.5%、1%、2%、3%,植物根系数量为 0、4、6、9,平均根径为 1 mm、2 mm、3 mm、4 mm,通过直接剪切试验,结合试验结果讨论改良基材复合植物根系的力学特性。

植物根系-有机黏结剂复合黏土在不同根系数量条件下抗剪强度试验结果见表 4-1。根据试验结果,根系的存在增强了改良黏土抗剪强度,且抗剪强度随着跟根系数量的增多而增强。有机黏结剂与根系的联合作用增强了改良黏土的抗剪强度。对比素土试样,随着法向应力的增大,黏土试样的抗剪强度逐渐增强。当法向应力为 100 kPa 时,有机黏结剂增强不同根系数量试样的抗剪强度,由素土的 74.73 kPa 增大至 116.13 kPa;当法向应力为 200 kPa 时,由素土抗剪强度由 104.56 kPa 增大至 161.77 kPa;当法向应力为 300 kPa 时,抗剪强度由 150.42 kPa 增大至 194.66 kPa。根系的存在显著提高了黏土试样的抗剪强度,其对抗剪强度的影响主要是由于根系提供了一定的锚固力,从而增强了土体的黏聚力。

**表 4-1　不同根系数量条件下抗剪强度试验结果**

| 根系数量 $Rc$/根 | RAR /% | 有机黏结剂含量 $Pc$/% | 干密度 $\rho$ /(g·cm$^{-3}$) | 抗剪强度 $\tau_f$/kPa 100 kPa | 200 kPa | 300 kPa | 内摩擦角 $\varphi$/(°) | 黏聚力 $c$/kPa |
|---|---|---|---|---|---|---|---|---|
| 0 | 0.00 | 0.00 | 1.70 | 74.73 | 104.56 | 150.42 | 20.73 | 34.22 |
| 4 | 0.10 | 0.00 | 1.70 | 81.27 | 114.47 | 158.79 | 21.19 | 40.65 |
| 6 | 0.16 | 0.00 | 1.70 | 91.93 | 120.20 | 169.88 | 21.29 | 49.39 |
| 9 | 0.24 | 0.00 | 1.70 | 105.35 | 136.59 | 177.51 | 19.84 | 67.65 |
| 0 | 0.00 | 2.00 | 1.70 | 87.83 | 125.14 | 164.44 | 20.96 | 49.20 |
| 4 | 0.10 | 2.00 | 1.70 | 98.30 | 138.17 | 174.62 | 20.89 | 60.71 |
| 6 | 0.16 | 2.00 | 1.70 | 108.00 | 152.12 | 186.44 | 21.45 | 70.42 |
| 9 | 0.24 | 2.00 | 1.70 | 116.13 | 161.77 | 194.66 | 21.43 | 79.00 |

不同根系数量条件下试样的剪应力-位移曲线如图 4-39 所示。不同根系数

量对试样的剪切特性有显著影响。相同法向应力条件下,曲线形态基本一致;在法向应力较小时,曲线具有明显峰值,表现为应变软化阶段型;而在法向应力较大时,曲线则不具有明显的峰值,表现为应变硬化阶段型。

(a) 法向应力 100 kPa

(b) 法向应力 200 kPa

(c) 法向应力 300 kPa

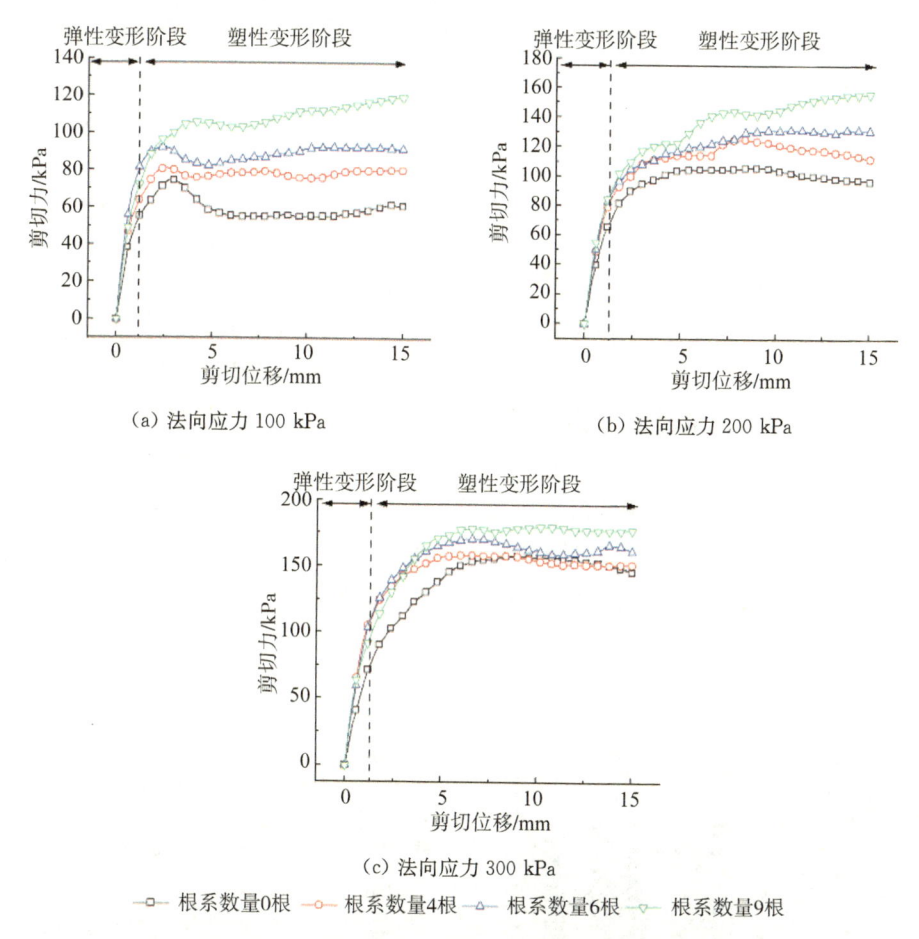

**图 4-39　不同根系数量下复合土体剪应力-位移曲线**

根系数量的增加显著提高了植物根系加固黏性土的抗剪强度。试样的抗剪强度与根系数量的关系如图 4-40 所示。当法向应力分别为 100 kPa、200 kPa 和 300 kPa 时,与不含植物根系试样的抗剪强度相比,根系数量为 9 根的复合体抗剪强度分别增加了 33%、27%、16%。根土复合体的抗剪强度特性符合摩尔—库仑定律。根据抗剪强度与法向应力关系,得出试样抗剪强度参数与根系数量的关系,如图 4-41 所示。随着根系数量的增加,复合体黏聚力呈上升趋势,而植物根系数量的增加对于试样的内摩擦角影响不显著。

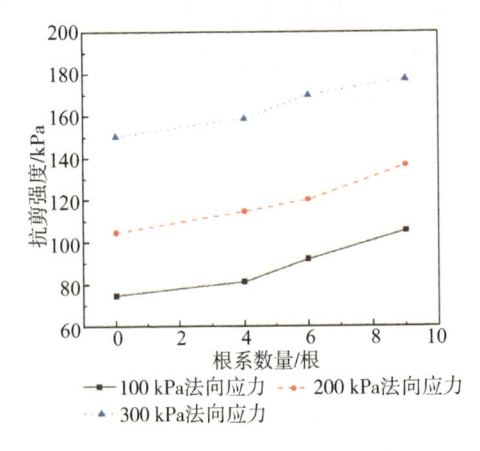

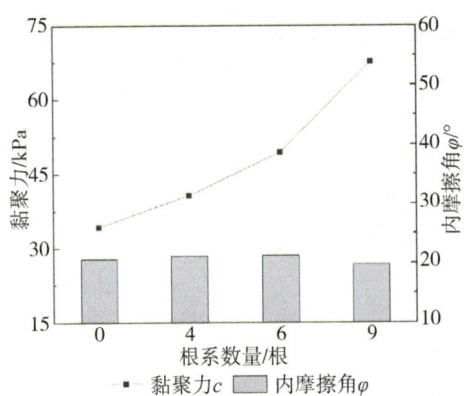

图 4-40 试样抗剪强度与
根系数量的关系

图 4-41 试样黏聚力和内摩擦角
与根系数量的关系

剪切模量随根系数量的增加总体呈现上升趋势,如图 4-42 所示。根系显著提高了土体抵抗形变的能力。植物根系加固黏性土试样在受到剪切力发生位移时,植物根系由于受到剪切面上方和下方的错动而产生的拉力影响,在植物根系被拔出前期,根系表面与土体颗粒之间产生的摩擦力阻止根系拔出,抵抗了一部分剪应力。植物根系数量的增加,在一定程度上增加了植物根系与土体颗粒的接触面积,增强了土体与根系之间的摩擦力。

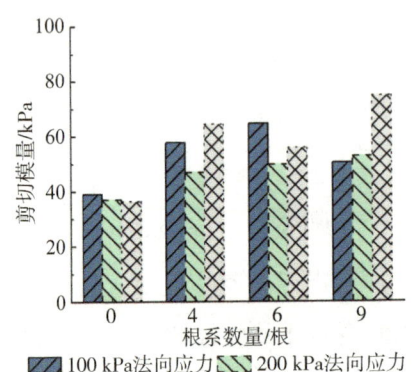

图 4-42 不同根系数量复合体剪切模量

图 4-43 不同根系数量总变形能量

如图 4-43 所示,随着法向应力的增加,试样的总变形能量均有显著增加。这是因为在高法向应力的环境下,受到垂向力的试样会被压密,从而增加了土颗粒之间发生位移变形的阻力,因此试样发生破坏时所需的总变形能量增大。如根系数量为 9 根的试样,在法向应力为 100 kPa、200 kPa 和 300 kPa 的条件下,总变形能量分别为 319.11 J/m²、620.27 J/m² 和 961.41 J/m²。200 kPa 和 300 kPa 条件较 100 kPa 条件分别增加了 301.16 J/m² 和 642.30 J/m²。

不同有机黏结剂含量复合体的剪应力-剪切位移曲线如图 4-44 所示。在相同法向应力的条件下,不同有机黏结剂含量的变化对剪应力-剪切位移曲线的形态影响不显著。随着有机黏结剂含量的增加,试样的剪应力-剪切位移曲线逐渐向上移动。在不同有机黏结剂含量条件下,掺入植物根系对曲线形态的影响显著,提高了曲线的峰值强度与峰后强度。植物根系和有机黏结剂的联合固土效果明显。

有机黏结剂联合根系加固黏性土的抗剪强度与有机黏结剂含量的关系如图 4-45 所示。在不同法向应力下,土体的抗剪强度随着有机黏结剂含量的增加均呈上升趋势,如在 100 kPa 法向应力下,当根系数量为 0 根时,随着有机黏结剂含量的提高,抗剪强度较未添加有机黏结剂情况分别提高了 5.35 kPa、9.88 kPa、13.10 kPa 和 21.76 kPa,分别提高了约 7%、13%、18% 和 29%。

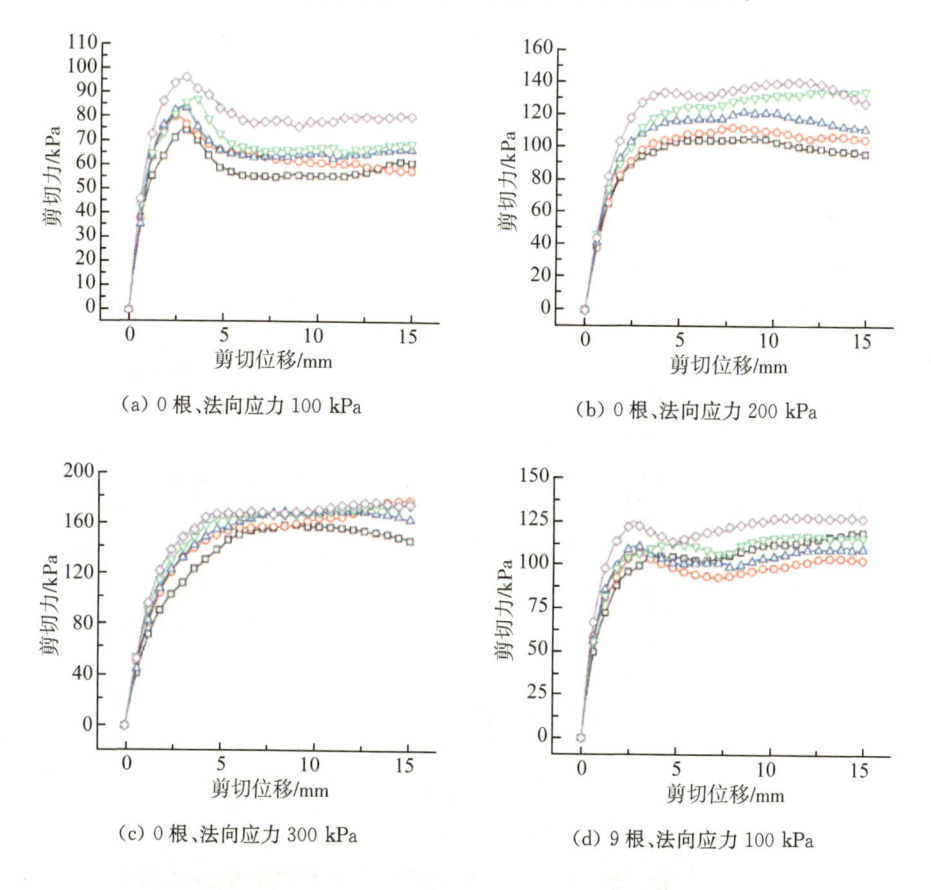

(a) 0 根、法向应力 100 kPa

(b) 0 根、法向应力 200 kPa

(c) 0 根、法向应力 300 kPa

(d) 9 根、法向应力 100 kPa

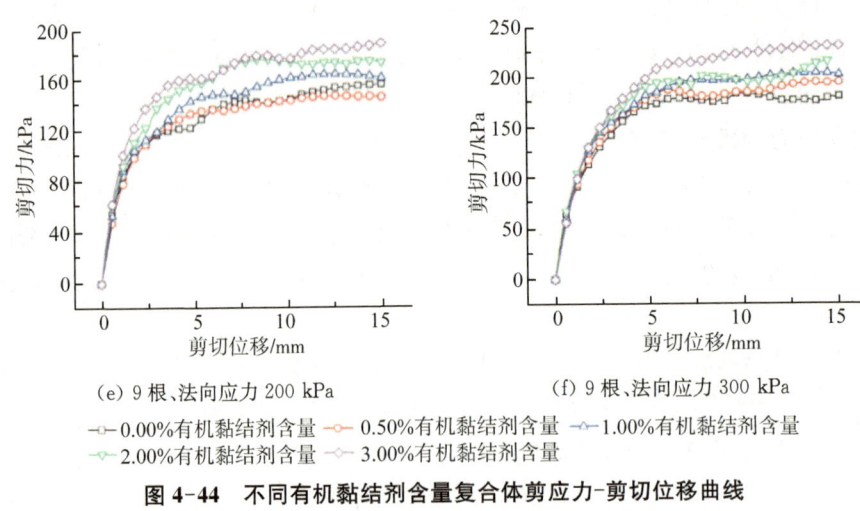

(e) 9 根、法向应力 200 kPa　　　　　　　(f) 9 根、法向应力 300 kPa

─◇─ 0.00%有机黏结剂含量　─○─ 0.50%有机黏结剂含量　─△─ 1.00%有机黏结剂含量
─◇─ 2.00%有机黏结剂含量　─◇─ 3.00%有机黏结剂含量

图 4-44　不同有机黏结剂含量复合体剪应力-剪切位移曲线

(a) 法向应力 100 kPa

(b) 法向应力 200 kPa

(c) 法向应力 300 kPa

─■─ 根系数量0根　--○-- 根系数量9根

图 4-45　植物根系改良黏性土试样抗剪强度与有机黏结剂含量的关系

不同有机黏结剂含量与黏聚力和内摩擦角的关系曲线如图 4-46 所示,其中曲线表示根系加固黏性土试样的黏聚力变化,柱状图表示试样的内摩擦角变化。随着有机黏结剂含量的增加,不同根系数量试样的黏聚力均有不同程度的提升。对比根系数量为 0 根与 9 根的试样黏聚力,随着有机黏结剂含量的增加,二者之间的差值逐渐减小。

不同有机黏结剂含量与内摩擦角的关系图如图 4-46 柱状图所示。在根系数量为 0 根时,试样的内摩擦角没有明显变化,约为 20°;在根系数量为 9 根时,随着有机黏结剂含量的增加,试样的内摩擦角略有增加。有机黏结剂在试样各组分之间产生了黏结力,提高了试样的黏聚力,但对于内摩擦角的影响不显著。

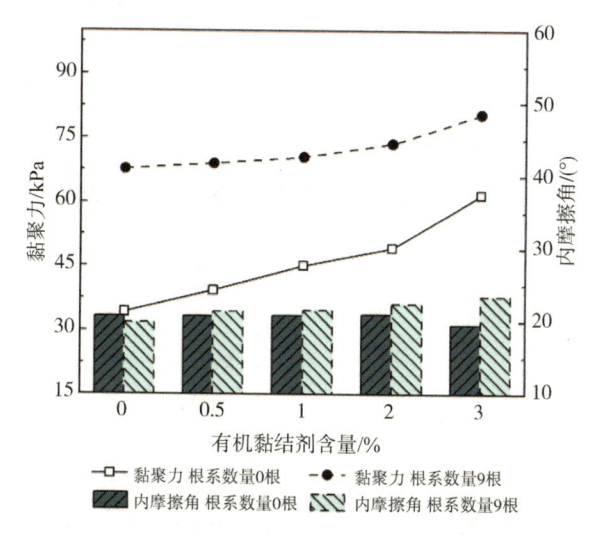

**图 4-46 不同有机黏结剂含量试样抗剪强度参数**

试样的剪切模量如图 4-47 所示。在根系数量为 0 根的情况下,剪切模量随着法向应力的增大总体呈上升趋势,说明较高的法向应力使得试样在弹性形变阶段的抗剪强度上升较快;在根系数量为 9 根的情况下,其剪切模量均大于无根试样的剪切模量,表明根系增加明显提高了土体的抗变形能力。

不同有机黏结剂含量与总变形能量关系曲线如图 4-48 所示。有机黏结剂含量对试样的总变形能量曲线形态几乎没有影响。在 100 kPa 法向应力条件下,不同根系数量和变有机黏结剂含量的试样总变形能量呈上升趋势,掺入植物根系令复合体试样的总变形能量提高了 22%。法向应力 300 kPa 条件下,根据剪应力-剪切位移曲线的形态,当根系数量为 9 根且有机黏结剂含量大于 1%时,试样发生破坏时的位移取 7.00 mm 处,在高根系数量和高有机黏结剂含量的条件下,改良黏性土试样的总变形能量显著增加。

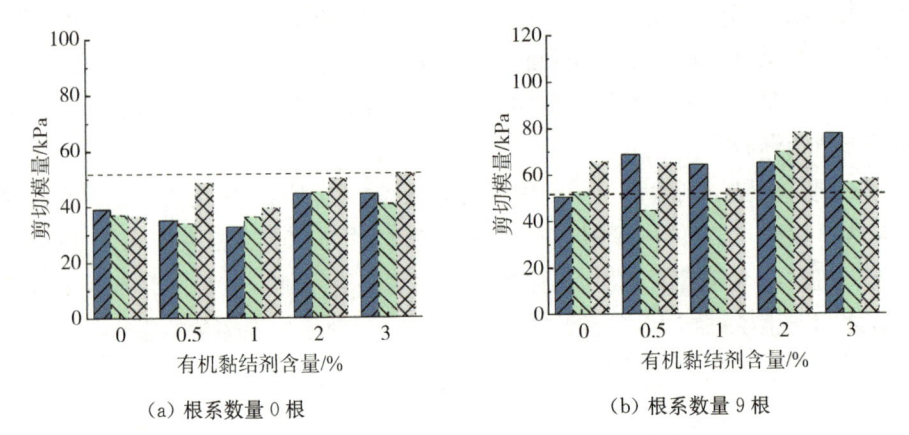

**图 4-47  不同有机黏结剂含量复合体剪切模量**

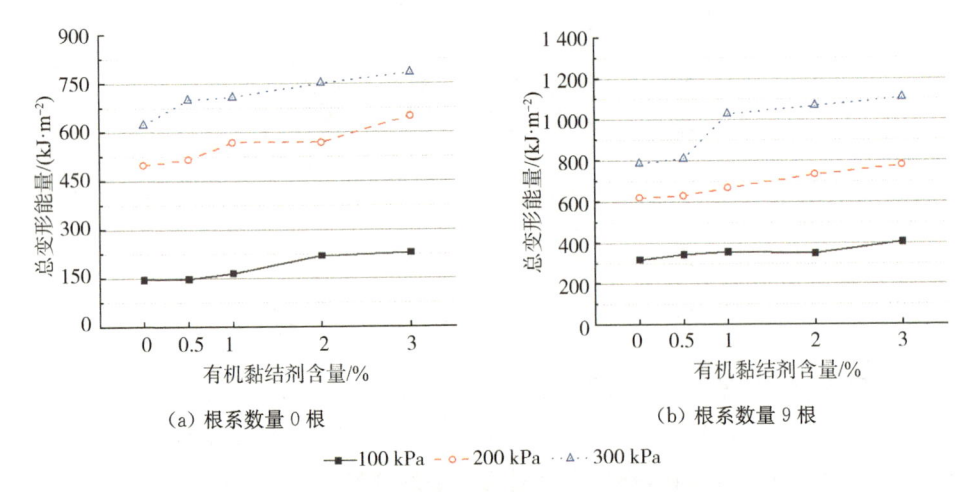

(a) 根系数量 0 根
(b) 根系数量 9 根

法向应力 100 kPa　法向应力 200 kPa　法向应力 300 kPa
---- 法向应力为 300 kPa、有机黏结剂含量 3%、根系数量为 0 根的试样的剪切模量

**图 4-48  不同有机黏结剂含量与总变形能量关系曲线**

(a) 根系数量 0 根
(b) 根系数量 9 根

■ 100 kPa　○ 200 kPa　△ 300 kPa

不同根系数量条件下改良黏土剪切破坏形态如图 4-49 所示。通过对比分析可以看出,根系数量的变化对于剪切面形态有一定影响。由图 4-49(a) 可以明显观察到,随着根系数量的增加,改良黏土试样上下两部分的剪切联结处间隙逐渐明显。剪切面间隙逐渐明显的同时,根系与土体之间产生的摩擦力,使得根系在土体内产生位移,部分黏土团聚体跟随根系共同发生位移,试样的抗剪强度显著增加。这与试验数据分析结果一致。

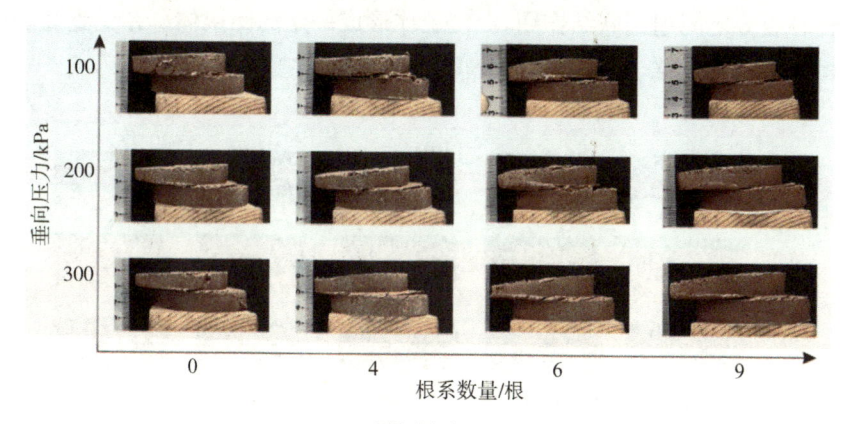

(a) 试样破坏侧视状态

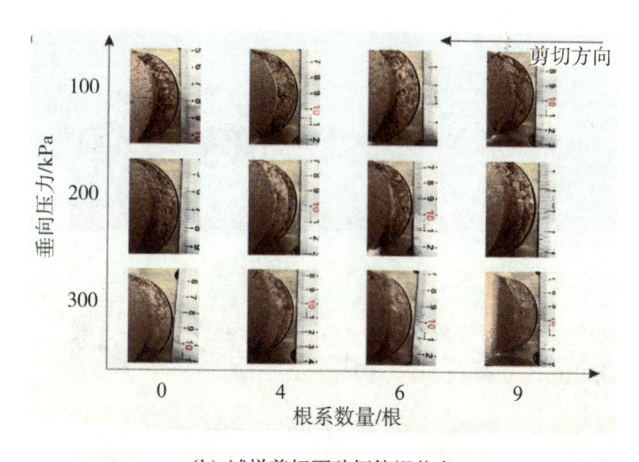

(b) 试样剪切面破坏俯视状态

**图 4-49 不同根系数量条件下剪切破坏形态**

对不同根系数量条件下试样的剪切错动位移进行统计分析,结果显示,试样的剪切错动位移随着根系数量的增加而减小,说明根系数量对根-土复合体的剪切强度特性具有正向影响。当根系数量增加至 9 根时,剪切错动位移由 12 mm 降低至 7 mm。

有机黏结剂含量对改良黏土破坏形式有显著影响,在根系数量为 9 根的条件下,不同有机黏结剂含量的试样破坏形式如图 4-50 所示。随着有机黏结剂含量的增加,改良黏土试样上下两部分的剪切联结处间隙逐渐明显,图 4-50(a)清晰可见。结合图 4-50(b)对于试样破坏形态进行分析,随着有机黏结剂含量的增加,试样的剪切面变得粗糙,如图中红色框线标注所示,在有机黏结剂含量高的试样中,可以观察到黏土团聚体的存在。有机黏结剂在土体中形成网状结构对试样各组分之间起到联结作用,促使土体形成一定的团聚体。在受到剪切时,这些团聚体发生位移,导致剪切面变得粗糙。

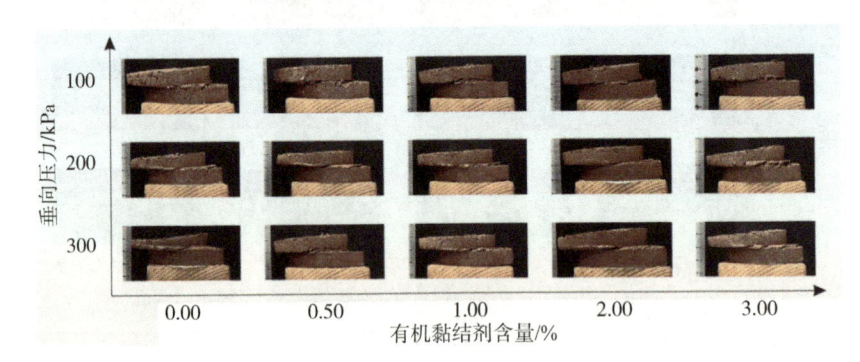

(a)试样破坏侧视状态

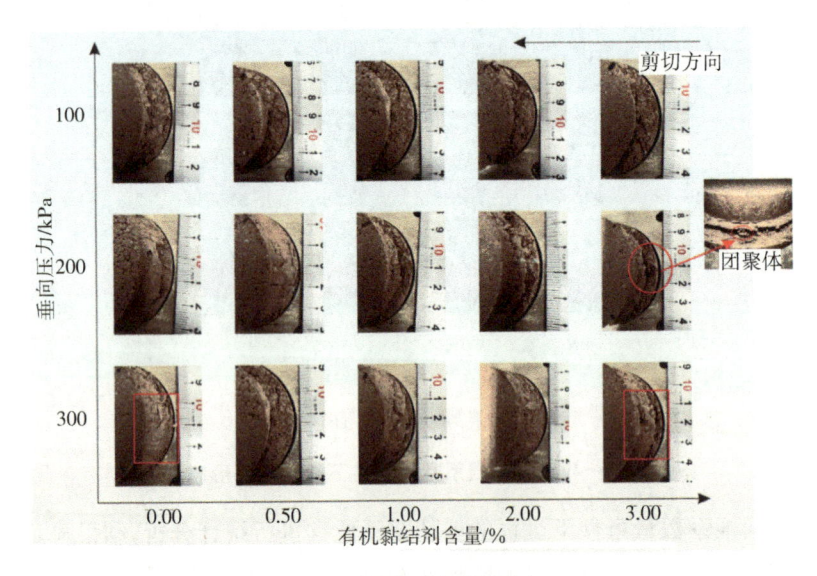

(b)试样剪切面破坏俯视状态

图 4-50 不同有机黏结剂含量条件下剪切破坏形态

## 2. 有机黏结剂联合植被固土机理研究

改良复合体的破坏机理微观示意图如图 4-51 所示。在初期阶段,由于植物根系发生的位移较小,试样抗剪强度主要由土体自身的黏聚力和有机黏结剂的黏结能力提供。随着位移的不断扩大,土体内植物根系发生位移,土根界面摩擦力由静摩擦力转换为动摩擦力。在这一阶段,土体、有机黏结剂与根系提供的土体界面摩擦力共同作用,增强土体的抗剪强度。当剪切强度达到黏土与有机黏结剂共同的强度时,其共同产生的黏结力失效,这时改良黏土的抗剪强度主要由植物根系提供。随着剪切应力的不断增加,根系的作用效果开始减弱并逐渐失效,失效的状态主要有弯折、断裂和拔出三种形态,此时根系的生物作用力与土根界面摩擦力成为抗剪强度的主要组成部分。

利用 Wu 模型对植物根系加固黏土进行模拟计算,将得出结果与试验结果相比较,计算过程中修正系数设定为 1.2。结果如表 4-2 所示。比较模拟根系黏聚力与试验根系黏聚力,模拟根系黏聚力与试验结果误差在 70%～90%。Wu 模型模拟根系黏聚力是假设根-土复合体内的所有根系发生断裂,而根据试验实际情况,复合体内的根系发生失效的主要状态为拔出与弯折,因此 Wu 模型对根系加固土体所提供的力的估算偏高。

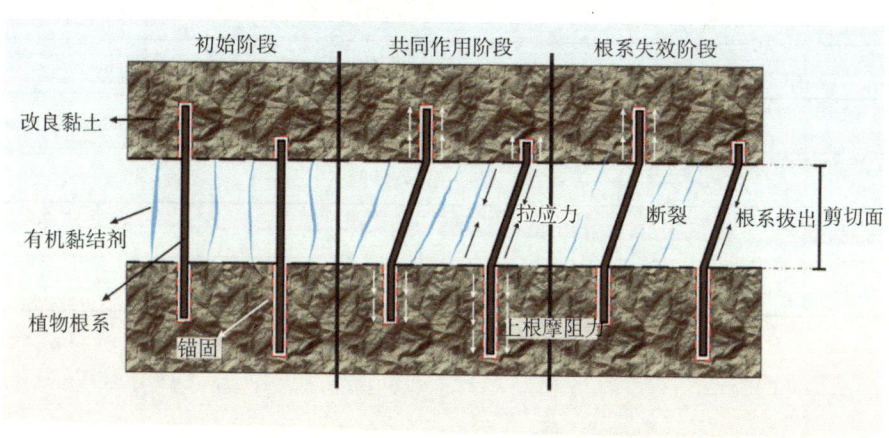

图 4-51 改良复合体破坏机理微观示意图

利用能量法计算根系增强效应系数,结果如表 4-3 所示。将计算结果与试验结果相比较,通过计算得出的根系增强系数相较于试验根系增强系数偏小,误差在 40%～60%。能量法对根系增强土体抗剪能力的预估是基于对剪切应力-位移曲线的计算,该模型原理简单清晰易懂。然而,由于能量法模型假设在剪切面上部具有根系,或者根土复合体种根系为粗根,因此计算过程中精度较差,具有一定的局限性。

表 4-2 Wu 模型计算结果与试验结果

| 直径/mm | 植物根系数量/根 | RAR/% | 模拟根系黏聚力/kPa | 试验根系黏聚力/kPa |
|---|---|---|---|---|
| 0.00 | 0 | 0.00 | 0.00 | 0.00 |
| 1.00 | 4 | 0.10 | 51.06 | 6.43 |
| 1.00 | 6 | 0.16 | 76.60 | 15.17 |
| 1.00 | 9 | 0.24 | 114.89 | 33.43 |
| 2.00 | 4 | 0.42 | 129.65 | 22.94 |
| 3.00 | 4 | 0.94 | 215.48 | 29.77 |
| 4.00 | 4 | 1.68 | 275.49 | 43.49 |

表 4-3 能量法模型计算结果与试验结果

| 直径/mm | 植物根系数量/根 | RAR/% | 模拟根系增强效应系数/% | 试验根系增强效应系数/% |
|---|---|---|---|---|
| 0.00 | 0 | 0.00 | 0.00 | 0.00 |
| 1.00 | 4 | 0.10 | 3.83 | 13.07 |
| 1.00 | 6 | 0.16 | 14.92 | 30.83 |
| 1.00 | 9 | 0.24 | 29.62 | 67.95 |
| 2.00 | 4 | 0.42 | 20.06 | 46.63 |
| 3.00 | 4 | 0.94 | 34.95 | 60.51 |
| 4.00 | 4 | 1.68 | 48.07 | 88.39 |

# 第 5 章

# 客土基材接触面力学性质

# 第1节
# 客土基材接触面抗剪强度

裸露的岩质边坡在喷播土体后,外覆土体将与边坡岩石接触面形成土石二元结构(图5-1)。如果土石接触面上的剪应力超过其抗剪强度,将导致外土层沿结构面整体滑动,严重影响外土基体和结构面的稳定性。因此,分析岩土工程界面的剪切特性具有重要意义。

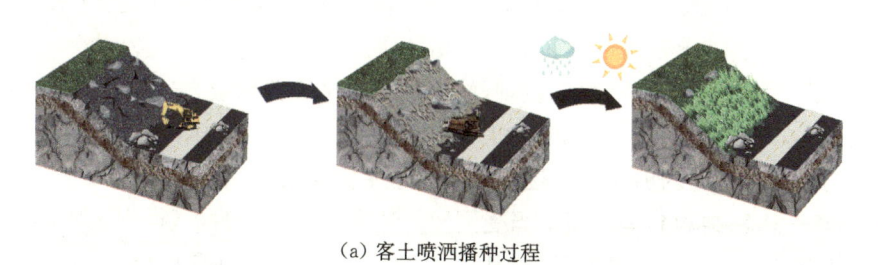

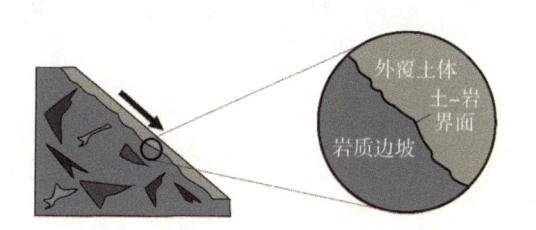

(a) 客土喷洒播种过程

(b) 土-岩界面

**图5-1 边坡与土-岩界面**

## 1.1 聚合物浓度对客土基材接触面剪切特性影响

不同聚合物浓度条件下改良客土基质接触面的剪切应力-剪切位移曲线如

图 5-2 所示。由图 5-2 可知，聚合物浓度对试样的剪切应力-剪切位移曲线的形态影响较小。不同聚合物浓度条件下，试样的剪切应力-剪切位移曲线均呈现出相同的变化趋势；随着剪切位移的不断增加，试样的剪切应力先快速增加；随着剪切位移的继续增加，试样剪切应力的增长速率逐渐减小，试样的剪切应力逐渐趋于稳定，表明为典型的应变硬化型。在试验的初期，不同聚合物浓度试样的剪切应力-剪切位移曲线基本吻合，各试样剪切应力的增长速率也大致相同。随着试验的逐渐进行，各试样剪切应力随着剪切位移增长的速率逐渐出现较大的差异。当聚合物浓度较低时，试样剪切应力的增长速率也相对较低。随着聚合物浓度的增大，试样剪切应力的增长速率也逐渐增大。

以 200 kPa 法向压力和起伏角 40°为例，当聚合物浓度分别为 0%、1%、2%、10%和 20%时，试样的剪切应力增长速率分别为 26.61 kPa/mm、30.30 kPa/mm、33.98 kPa/mm、39.50 kPa/mm 和 67.61 kPa/mm。随着聚合物浓度由 0%增加至 20%，试样剪切应力增长速率提高了 154.08%。当试样的剪切位移超过 2.5 mm 时，不同聚合物浓度试样的剪切应力增长速率趋向于一致，约为 5.75 kPa/mm。当试样的剪切位移超过 6 mm 时，不同聚合物浓度试样的剪切应力逐渐趋向于稳定。增加聚合物浓度能够有效提升试样在剪切过程中的剪切应力，改善改良客土基质接触面的抗剪切性质。

对图 5-2 进一步分析可以发现，法向压力对试样剪切应力-剪切位移曲线的影响较小。对比图 5-2(a)和图 5-2(b)可以发现，随着法向压力的增大，经历相同剪切位移后试样的剪切应力逐渐增大。这主要是由于在相同聚合物浓度条件下，试样的内部结构完全相同。当受到较高法向压力作用时，试样中土体部分与水泥块部分之间的黏附更加紧密，从而使得在受到外部作用时改良客土基质接触面内部土颗粒发生位移、滑动等变化所需的外力增大，因此试样表现的剪切应力大小也随之增大。

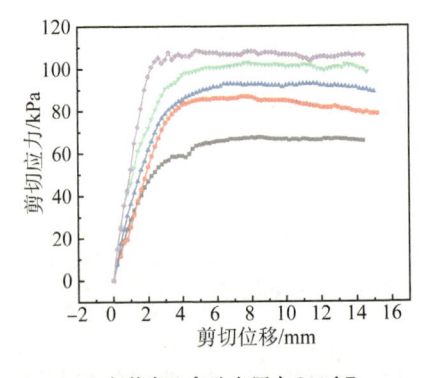

(a) 起伏角 20°，法向压力 200 kPa

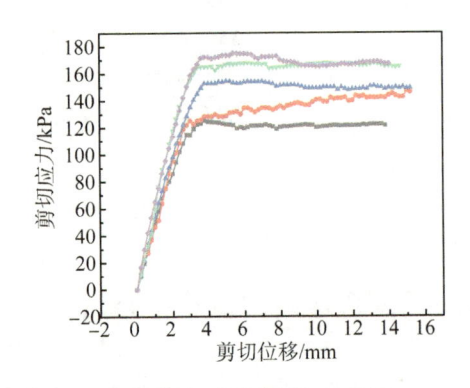

(b) 起伏角 20°，法向压力 400 kPa

(c) 起伏角 40°,法向压力 200 kPa　　　　(d) 起伏角 40°,法向压力 400 kPa

聚合物浓度0%　　聚合物浓度1%　　聚合物浓度2%
聚合物浓度10%　　聚合物浓度20%

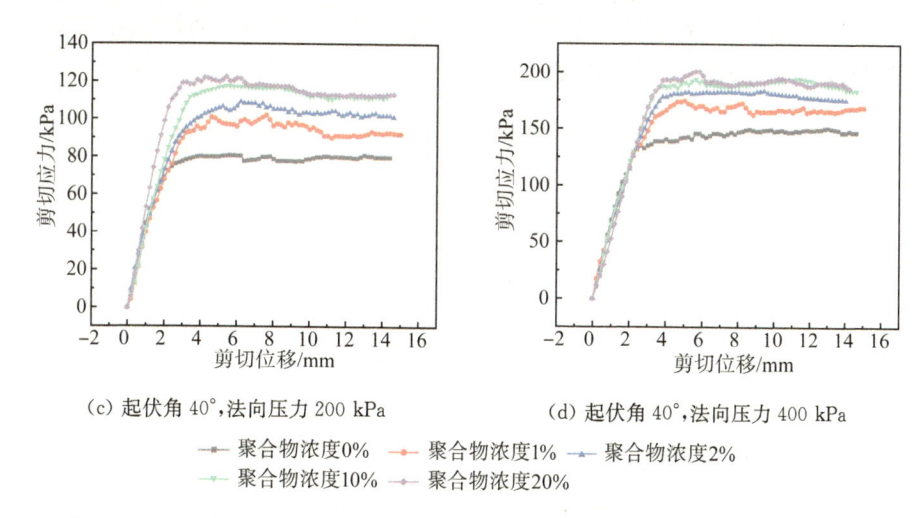

**图 5-2　不同聚合物浓度条件下改良客土基质接触面的剪切应力-剪切位移曲线**

不同生物聚合物浓度条件下改良客土基质接触面的剪应力-剪切位移曲线如图 5-3 所示。可见,在不同起伏角下,试样的应力-应变曲线呈现出不同形态。当起伏角为 0°时,试样的应力-应变曲线呈现出应变软化特征。各条曲线的剪应力随剪切位移的增加先增后减最终趋于稳定。以图 5-3(b)试样对应曲线为例,在 0~2.4 mm 应变区间,剪应力由 0 kPa 增加到 105.56 kPa,呈近线性增长趋势,说明此阶段接触面在横向剪切作用下发生弹性形变;在 2.4~4.4 mm 应变区间,试样剪应力持续增加,由 105.56 kPa 提高到 119.63 kPa,但增长幅度随应变增加持续降低,曲线形态表现出弹塑性特征;应变超过 4.4 mm 后,试样已经被明显剪破,剪应力也在达到峰值 119.63 kPa 后开始逐渐下降并趋于稳定,直到剪切结束。因此,可将平坦接触面的应力应变曲线发展总结为 4 个阶段。

初始阶段为近弹性变形阶段,基材在法向应力作用下被不断压密,与接触面之间的结合程度不断提高。在初始剪切作用下,剪应力与剪切位移之间呈近线性关系。第二阶段为弹塑性变形阶段,接触面间的耦合作用以及聚合物的黏结作用参与抵抗剪切变形的程度逐渐达到最大。整体上,孔隙水作用、异相颗粒作用与聚合物强化作用的参与程度随着剪切发展而不断提高,剪应力也持续增长,但增长速率逐步降低。第三阶段为变形破坏阶段,随着剪切继续进行,聚合物的强化作用充分发挥,试样剪应力达到峰值。继续剪切,接触面间的黏结作用开始失效,界面上出现剪切破坏,同时剪应力逐步下降。第四阶段为残余破坏阶段,层间黏结作用已经完全失效,仅靠层间摩擦应力抵抗剪切破坏,剪应力逐步趋于稳定,试样剪切曲线呈现出应变软化特征。当起伏角不等于 0°时,试样应力-应变曲线整体呈现出应变硬化特征。

(a) 起伏角 0°,聚合物浓度 0%

(b) 起伏角 20°,聚合物浓度 1%

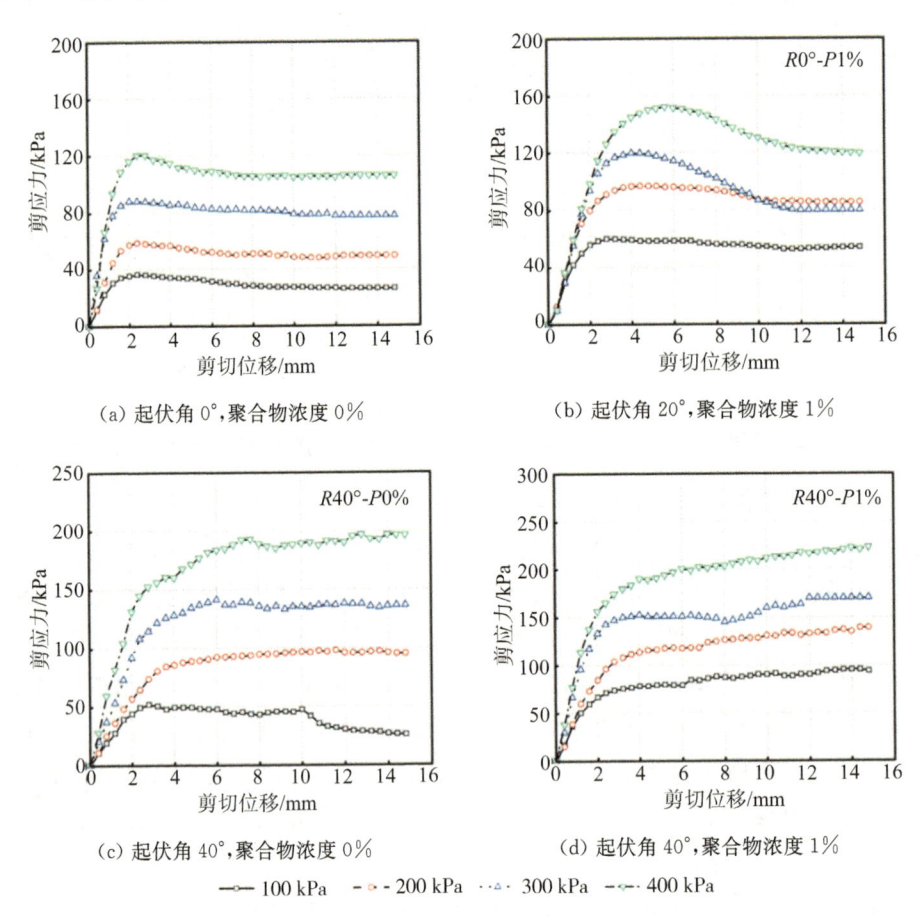

(c) 起伏角 40°,聚合物浓度 0%

(d) 起伏角 40°,聚合物浓度 1%

— 100 kPa    ⋯ 200 kPa    ⋯ 300 kPa    — 400 kPa

**图 5-3　不同生物聚合物浓度条件下改良客土基质接触面的剪切应力-剪切位移曲线**

不同聚合物浓度条件下改良客土基质接触面的抗剪强度如图 5-4 所示。由图 5-4 可知,试样的抗剪强度随着聚合物浓度的增加而增加。当起伏角为 20°,法向压力为 400 kPa,聚合物浓度由 0%增加至 1%、2%、10%和 20%时,试样的抗剪强度由 124.91 kPa 增加至 147.56 kPa、154.76 kPa、167.11 kPa 和 174.57 kPa,最终提高了约 49.66 kPa,点增长幅度为 39.76%。当起伏角为 40°,法向压力为 400 kPa,聚合物浓度由 0%增加至 1%、2%、10%和 20%时,试样的抗剪强度由 150.97 kPa 增加至 174.68 kPa、183.43 kPa、194.23 kPa 和 200.86 kPa,最终提高了约 49.89 kPa,点增长幅度为 33.05%。

对试样抗剪强度与聚合物浓度关系曲线的变化趋势进行分析可以发现,试样抗剪强度的增长呈现出先快后慢的趋势,转折点为 1% 浓度。当聚合物浓度小于 1% 时,试样抗剪强度的增长较快,增长速率均值约为 28.9 kPa。当聚合物浓度大于 1% 时,试样抗剪强度的增长速度减小,增速率均值约为 1.28 kPa,降低幅度约为 95.57%。因此,聚合物能够有效提升试样的抗剪强度,提高改良客土基质接触面的黏附作用,改善改良客土基质接触面的抗剪切性质。

(a) 起伏角 20°

(b) 起伏角 40°

——法向应力100 kPa ——法向应力200 kPa ——法向应力300 kPa ——法向应力400 kPa

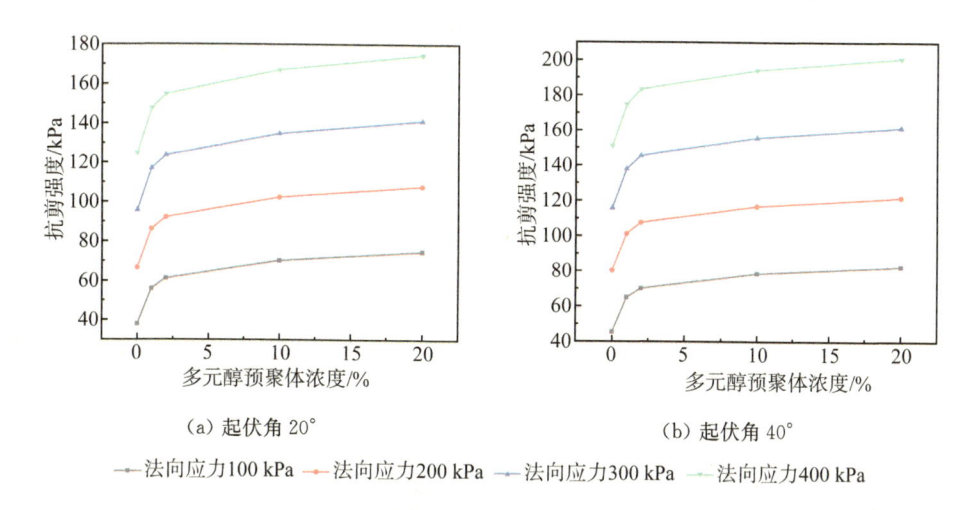

**图 5-4 改良客土基质接触面抗剪强度与聚合物浓度间的关系曲线**

对图 5-4 进一步分析可以发现,随着法向压力的增加,试样的抗剪强度逐渐增加。以 2% 聚合物浓度和起伏角 20° 为例,随着法向压力由 100 kPa 增加至 400 kPa,试样的抗剪强度由 61.49 kPa 增加至 92.58 kPa、123.67 kPa 和 154.76 kPa,点增长幅度为 151.68%。不同条件下,试样抗剪强度随法相压力增长的增长速率大致相同,均值约为 28.9 kPa。

图 5-5 为不同生物聚浓度含量下接触面剪切强度的表现规律。由该图可知,接触面剪切强度随着法向应力提高而增大。同时随着聚合物含量的增加,接触面的剪切强度不断增大。以图 5-5(b) 的试样为例,在法向压力 200 kPa,起伏角 20° 不同生物聚合物浓度下接触面剪切强度依次为 72.52 kPa、97.92 kPa、105.18 kPa、121.95 kPa,相比素土试样的增幅分别为 35.02%、45.04%、68.16%。图 5-5(a)~(d) 表明在不同接触面起伏角和法向应力下,剪切强度随聚合物浓度的增长具有稳定性。这说明在试验采用的变量范围内,聚合物浓度与接触面起伏角之间在改良接触面剪切力学性能方面没有表现出对抗作用。

对于不同的接触面起伏角,剪切强度在关于聚合物浓度的增长规律上表现出 2 种不同模式。对于起伏角 0° 的平坦接触面[图 5-5(a)],剪切强度关于生物聚合物浓度的增长区段整体可划分为0~0.5%区间的陡增段、0.5%~1%区间的稳定增长段、1%~2%区间的增长衰弱段；对于起伏角≠0°的粗糙接触面，剪切强度关于生物聚合物浓度的增长区段可划分为0%~0.5%区间的陡增段、0.5%~1%区间的衰弱段、1%~2%区间的陡增段。

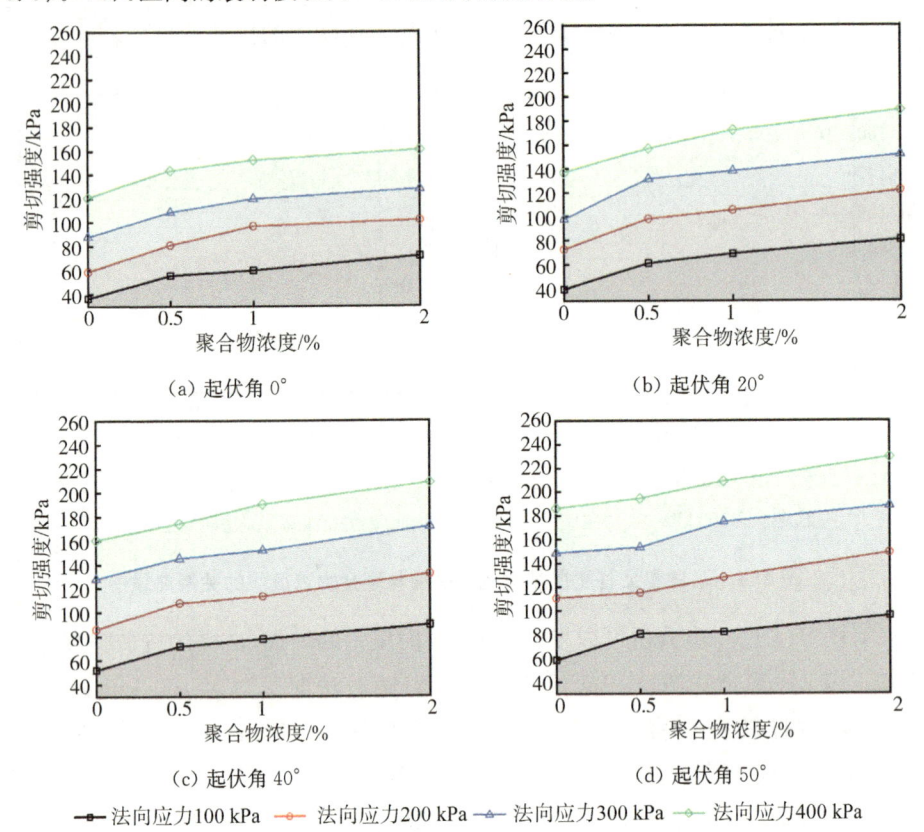

图 5-5 改良客土基质接触面剪切强度与生物聚合物浓度间的关系曲线

随着法向应力的增大，聚合物对接触面剪切强度的强化增幅效果逐渐降低。对比2%聚合物浓度试样与素土试样，计算不同法向应力下添加聚合物后接触面剪切强度相比素土试样增幅，如图5-6所示。由该图可知，剪切强度增幅在不同接触面起伏角下具有类似的变化规律。剪切强度增幅均随着法向应力的增加而降低，同时降低幅度也随之减小。图5-6中数据表明，剪切强度增幅随法向应力增加整体呈现出陡降-衰减趋势。这是因为在更高法向应力下，接触面间异相颗粒的关联性更强。同时基材密度也大幅增大，接触面过渡带内土体的剪切力学性能因此提高，聚合物的强化权重便相对下降，降低幅度最终随法向应力增大趋于相对稳定。

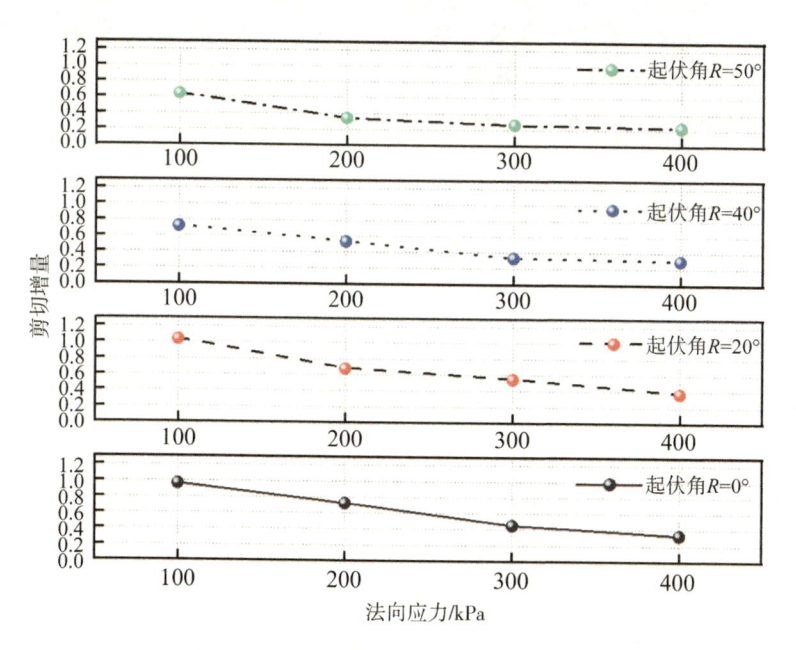

**图 5-6　聚合物强化剪切强度增幅随法向应力的变化关系**

采用摩尔-库仑公式拟合分析不同聚合物浓度条件下改良客土基质接触面的抗剪强度,可以得到不同聚合物浓度条件下改良客土基质接触面黏聚力与内摩擦角的变化,其结果如图 5-7 所示。由图 5-7(a)可知,试样的黏聚力随着聚合物浓度的增加而增加。当起伏角为 20°,聚合物浓度由 0%增加至 1%、2%、10%和 20%时,试样的黏聚力由 9.3 kPa 增加至 25.8 kPa、30.4 kPa、38.3 kPa 和 41.9 kPa,最终提高了约 32.6 kPa,点增长幅度为 350.54%。当起伏角为 40°,聚合物浓度由 0%增加至 1%、2%、10%和 20%时,试样的黏聚力由 10.5 kPa 增加至 28.7 kPa、32.6 kPa、40.2 kPa 和 43.3 kPa,最终提高了约 32.8 kPa,点增长幅度为 312.38%。除此之外,试样黏聚力的增长呈现出先快后慢的趋势,转折点为 2%浓度。当聚合物浓度小于 2%时,试样黏聚力的增长较快,增长速率均值约为 10.86 kPa。当聚合物浓度大于 2%时,试样黏聚力的增长速度明显减小,增长速率均值约为 0.61 kPa。两段曲线增长速率相差 10.25 kPa,幅度约为 94.38%。聚合物浓度的增加对试样黏聚力具有较为明显的提升作用。

由图 5-7(b)可知,试样的内摩擦角随着聚合物浓度的增加逐渐增加,但整体变化幅度较小。当起伏角为 20°,聚合物浓度由 0%增加至 1%、2%、10%和 20%时,试样的内摩擦角由 16.12°增加至 16.93°、17.27°、17.85°和 18.35°,仅增长了2.23°。当起伏角为40°,聚合物浓度由0%增加至1%、2%、10%和20%时,试样的内摩擦角由19.35°增加至20.05°、20.66°、21.06°和21.5°,仅增长了2.15°。聚合物浓度的增加对试样内摩擦角的影响较小。

(a) 黏聚力

(b) 内摩擦角

—— 起伏角20° —— 起伏角40°

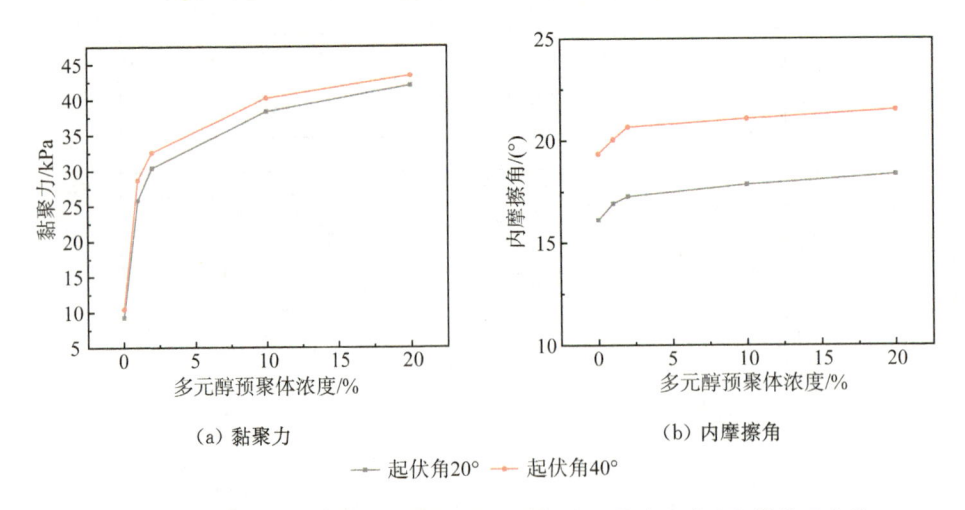

**图 5-7 改良客土基质接触面黏聚力和内摩擦角与聚合物浓度间的关系曲线**

图 5-8 为不同生物聚合物浓度下接触面黏聚力与内摩擦角的表现规律。图 5-8(a)表明,随着起伏角从 0°增至 50°,接触面黏聚力持续增长,不同聚合物浓度下黏聚力关于起伏角的最终增幅为 9.39~16.54 kPa,增长率为 29.16%~273.84%。增长率区间的差距较大说明黏聚力随着起伏角的变化表现出显著规律。不同浓度生物聚合物参与下,黏聚力关于起伏角 $R$ 的增长关系具有不同特征,表现为 2 种模式:对于素土试样,黏聚力在起伏角 40°~50°区间出现明显陡增现象,增幅为 6.01 kPa,明显大于 0°~40°区间,黏聚力在 0°~20°区间增长则趋于停滞,仅为 1.72 kPa;而对于聚合物参与的试样,接触面黏聚力在 0°~40°区间的增长更为均匀,同时在 40°~50°区段的黏聚力增长幅度较小。$P=0.5\%$、$P=1\%$、$P=2\%$ 对应的黏聚力增幅分别为 2.15 kPa、1.88 kPa、4.09 kPa,除 $P=2\%$ 试样之外,40°~50°区段的黏聚力增幅在整体上相较素土试样显著降低。

图 5-8(b)表明,随着起伏角 $R$ 从 0°增加至 50°,接触面内摩擦角持续增长,不同聚合物含量下内摩擦角关于 $R$ 的最终增幅在 5.11°~8.42°,增长率区间为 30.66%~50.24%。以生物聚合物浓度 0.5%组为例,起伏角 0°~50°对应的接触面内摩擦角分别为 16.67°、18.32°、19.72°、21.78°。随着 $R$ 的增大,内摩擦角增幅分别为 1.65°、1.40°、2.06°。同时,生物聚合物浓度 2%试样内摩擦角变化极差分别为 7.99°、5.11°、7.31°、8.42°。这表明,不同聚合物含量下,起伏角 $R$

的增大会增加接触面的内摩擦角。结合图数据可知,接触面起伏角 $R$ 对接触面剪切特性的影响表现为对黏聚力和内摩擦角的强化两方面。

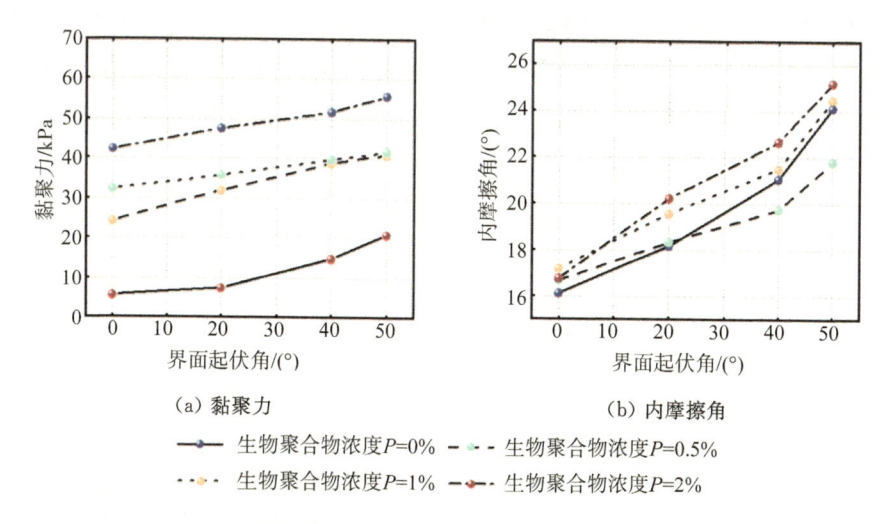

图 5-8 改良客土基质接触面抗剪强度参数与生物聚合物浓度间的关系曲线

本试验中,试样的破坏面位于试样土体部分与水泥块部分的接触面,因此由试验获得的内聚力与内摩擦角的变化可以体现改良客土基质接触面黏附作用的变化。由试验结果可知,聚合物、生物聚合物等聚合物能够有效增强改良客土基质接触面黏附作用,且随着聚合物浓度的增加,黏附作用逐渐增强,改良客土基质接触面的力学性质逐渐强化。

## 1.2 复合材料对客土基材接触面剪切特性影响

图 5-9 为不同复合材料配比条件下接触面的剪切应力-应变曲线形态的对比分析,由该图可知复合材料配比和法向应力对应力应变曲线形态的影响较小。在不同复合材料掺量下图 5-9(a)中曲线普遍呈现出先升后降的趋势。同时不同法向应力下曲线形态在相同起伏角和复合材料配比下整体表现出相似的变化趋势。

进一步分析图 5-9,随着法向应力的增加,接触面发生相同剪切位移所需的剪应力增量不断提高。这是由于在相同的起伏角和复合材料配比下,试样具有一致的内部特征。法向应力越高,基材黏土与混凝土模块的结合越紧密,基材在剪切作用下沿界面发生同样变形与破坏位移所需要的作用力也越大,接触面的剪应力也随之增大。接触面起伏角对应力应变曲线形态的影响较大。对于起伏角 0°的平坦接触面,剪应力在剪切初期随着剪切位移的增大而快速提高,同时剪应力增速逐步降低。随着剪切继续进行，剪应力逐步达到峰值，并出现下降趋势。伴随剪切位移的进一步提高，剪应力逐渐降低并趋于稳定。试样整体的应力-应变曲线呈现出应变软化特征；对于起伏角不等于 0°的起伏接触面，剪切初期的剪应力随着剪切位移的提高快速增大。随着剪切继续进行，剪应力的增长速度逐步降低，直到剪切结束，剪应力保持相对稳定或低速持续增长，表现出应变硬化特征。

(a) 起伏角 0°，复合材料配比 0%—0%

(b) 起伏角 0°，复合材料配比 1%—0.8%

(c) 起伏角 40°，复合材料配比 0%—0%

(d) 起伏角 40°，复合材料配比 1%—0.8%

—□— 法向应力 100 kPa  —○— 法向应力 200 kPa
—△— 法向应力 300 kPa  —▽— 法向应力 400 kPa

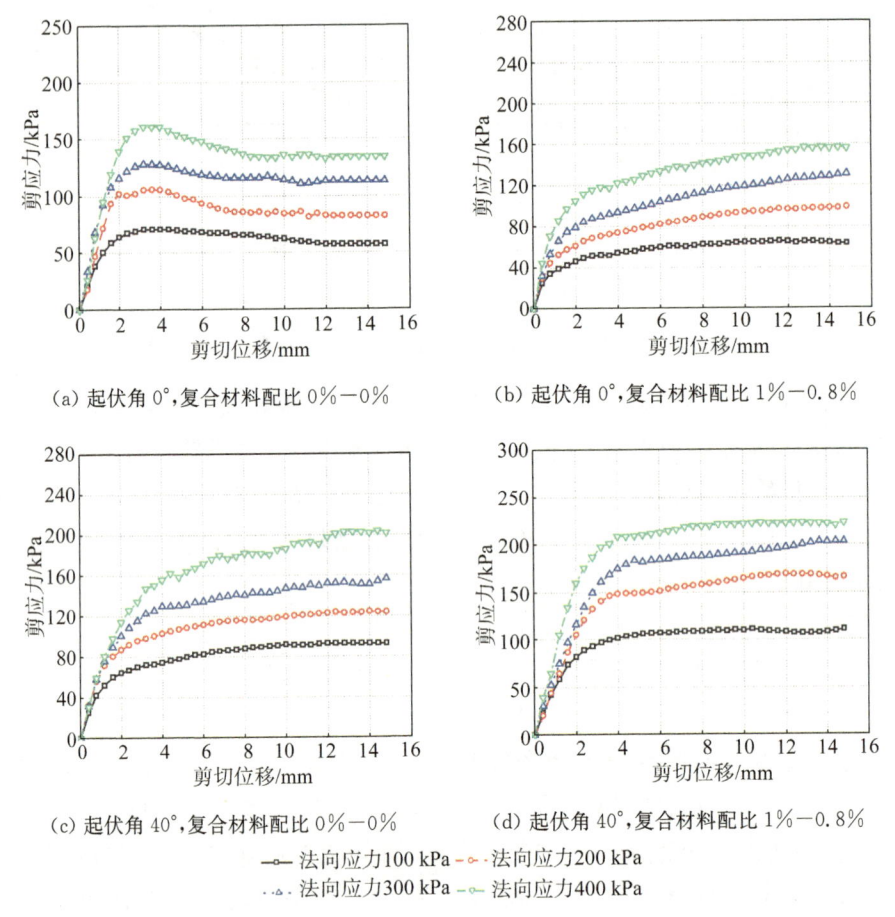

**图 5-9　不同复合材料配比条件下改良客土基质接触面的剪切应力-剪切位移曲线**

图 5-10 为不同复合材料掺量下接触面剪切强度的变化规律。图 5-10 表明，接触面剪切强度随着复合材料掺量的提高而增大。以图 5-10(b)起伏角 20°、法向应力 200 kPa 数据为例，不同复合材料掺量下接触面剪切强度依次为 72.52 kPa、91.94 kPa、117.97 kPa、142.58 kPa，相比素土试样的增幅分别为 26.78%、62.67%、96.61%。在不同接触面起伏角下，剪切强度关于复合材料掺

量的变化规律表现出不同模式。对于起伏角 0°的平坦接触面[图 5-10(a)],剪切强度在纤维配比 0.5%—0.4%到 1%—0.8%之间出现陡增;对于 $R \neq 0°$ 的粗糙接触面,剪切强度增速随着复合材料掺量的提高逐渐降低。其中当起伏角等于 0°时,复合材料关于剪切强度的最优配比掺量在 1%—0.4%附近;当起伏角不等于 0°时,复合材料的最优配比掺量在 2%—0.8%附近。在实际工程中可根据岩坡界面的起伏角选择相应最优的复合材料配比掺量。

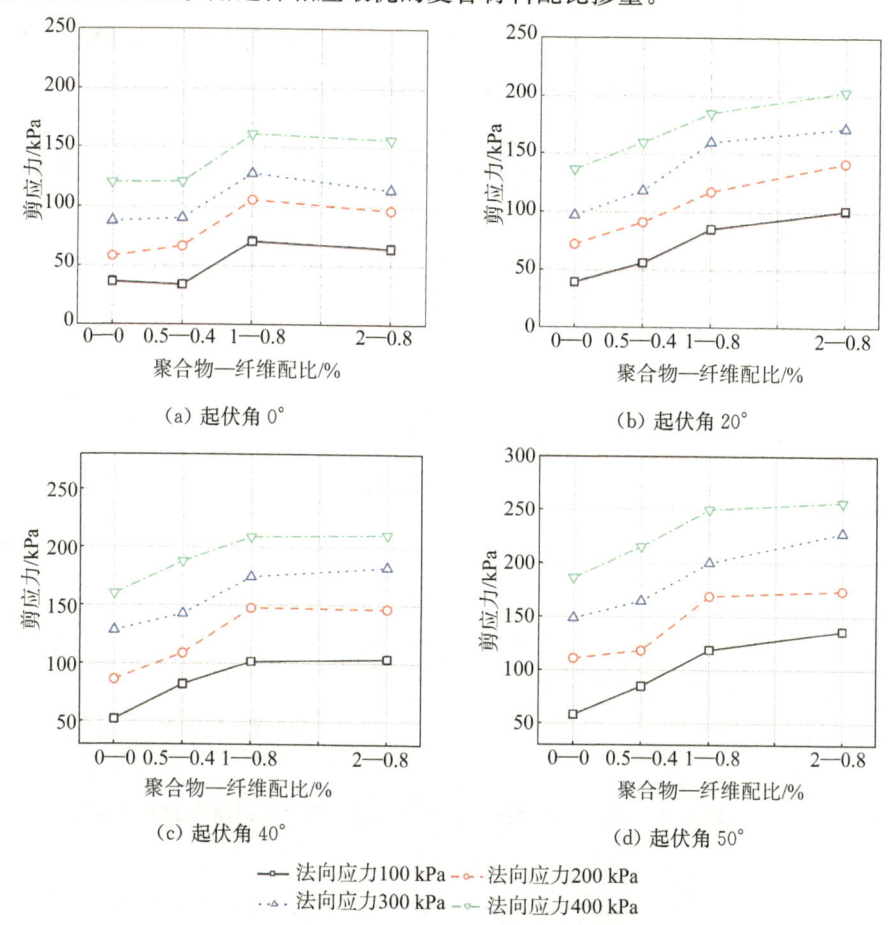

**图 5-10 改良客土基质接触面抗剪强度与复合材料配比间的关系曲线**

图 5-11 为不同复合材料含量下接触面黏聚力与内摩擦角的表现规律。由图 5-11 可知,随着复合材料含量从 0%增加到 2%,接触面黏聚力持续增长,不同接触面起伏角下黏聚力关于材料配比的最终增幅在 23.44～45.98 kPa,增长率为 27.45%～184.27%;复合材料参与下,对于平坦接触面与粗糙接触面,黏聚力关于材料配比的增长关系具有相似性,均表现出黏聚力随着配比 $F$ 提高而

增大,但增长幅度逐渐降低,当 F 达到 2%～0.8%时,黏聚力增长趋于稳定。

图 5-11(b)表明,在接触面起伏角一定时,不同配比复合材料下接触面内摩擦角标准差分别为 0.31、0.55、0.41、0.49,表明复合材料对内摩擦角造成的影响微弱。以起伏角 20°为例,聚合物 0%—纤维 0%至聚合物 2%—纤维 0.8%对应的接触面内摩擦角分别为 18.17°、19.41°、19.55°、19.30°,可以看到复合材料含量变化使接触面内摩擦角在 18.17°—19.30°范围内微弱波动。土-岩接触面的内摩擦角反映界面间摩擦特性,包括发生剪切破坏时界面间异相颗粒的滑动摩擦、土颗粒间相互挤压、嵌合、解锁发生的咬合摩擦,以及基材土与岩面粗糙结构体之间在宏细观上产生的摩阻力。纤维与聚合物复合改良基材,在基材内部形成相互配合的硬质纤维骨架和柔性空间膜结构,增强了基材土体内部的整体性,但对于改造基材内部颗粒特征以及界面间异相颗粒特性作用有限。因此接触面的内摩擦角受复合材料掺量及配比影响较小。

(a) 起伏角 20°,法向压力 200 kPa　　(b) 起伏角 20°,法向压力 400 kPa

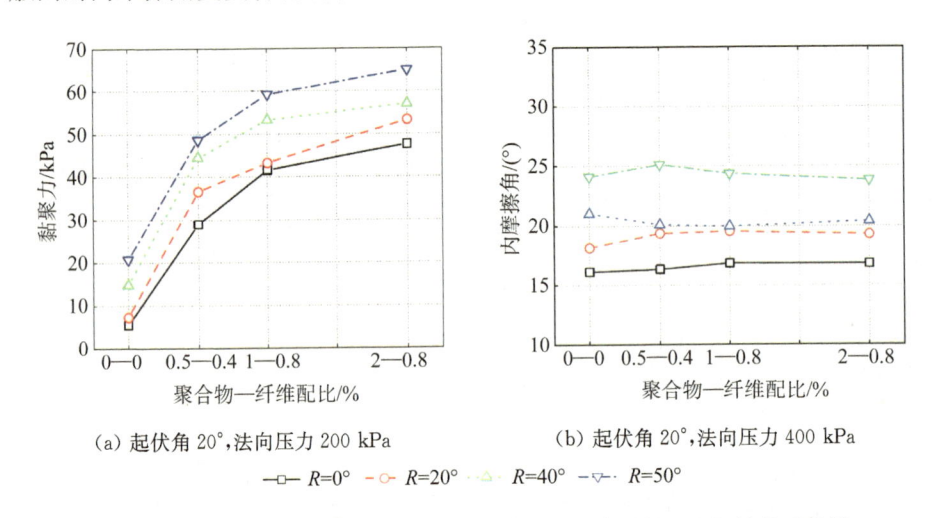

$R=0°$　$R=20°$　$R=40°$　$R=50°$

**图 5-11**　改良客土基质接触面抗剪强度参数与复合材料配比间的关系曲线

## 1.3　起伏角对客土基材接触面剪切特性影响

不同起伏角条件下改良客土基质接触面的剪切应力-剪切位移曲线如图 5-12 所示。由图 5-12 可知,起伏角对试样的应力-位移曲线的形态影响较小。不同起伏角条件下,试样的剪切应力-剪切位移曲线均呈现出相同的变化趋势。随着剪切位移的不断增加,试样的剪切应力先快速增加;随着剪切位移的继续增加,试样剪切应力的增长速率逐渐减小,最终趋于稳定,呈现出典型的应变硬化型。

在试验的初期，不同起伏角试样的剪切应力-剪切位移曲线基本吻合，各试样剪切应力的增长速率也大致相同。随着试验的进行，各试样剪切应力随着剪切位移增长的速率逐渐出现较大的差异。当起伏角较小时，试样剪切应力的增长速率相对较低；随着起伏角的增大，试样剪切应力的增长速率也逐渐增大。以 200 kPa 法向压力和 1% 浓度聚合物为例，当起伏角分别为 0°、20°、40°和 50°时，试样的剪切应力增长速率分别为 26.61 kPa/mm、30.30 kPa/mm、33.98 kPa/mm、39.50 kPa/mm 和 67.61 kPa/mm。随着起伏角由 0°增加至 50°，试样剪切应力增长速率提高了 154.08%。当试样的剪切位移超过 2.5 mm 时，不同聚合物浓度试样的剪切应力增长速率趋向于一致，约为 5.75 kPa/mm。当试样的剪切位移超过 6 mm 时，不同起伏角试样的剪切应力逐渐趋向于稳定。起伏角的增加能够有效提升试样在剪切过程中的应力，改善改良客土基质接触面的抗剪切性质。

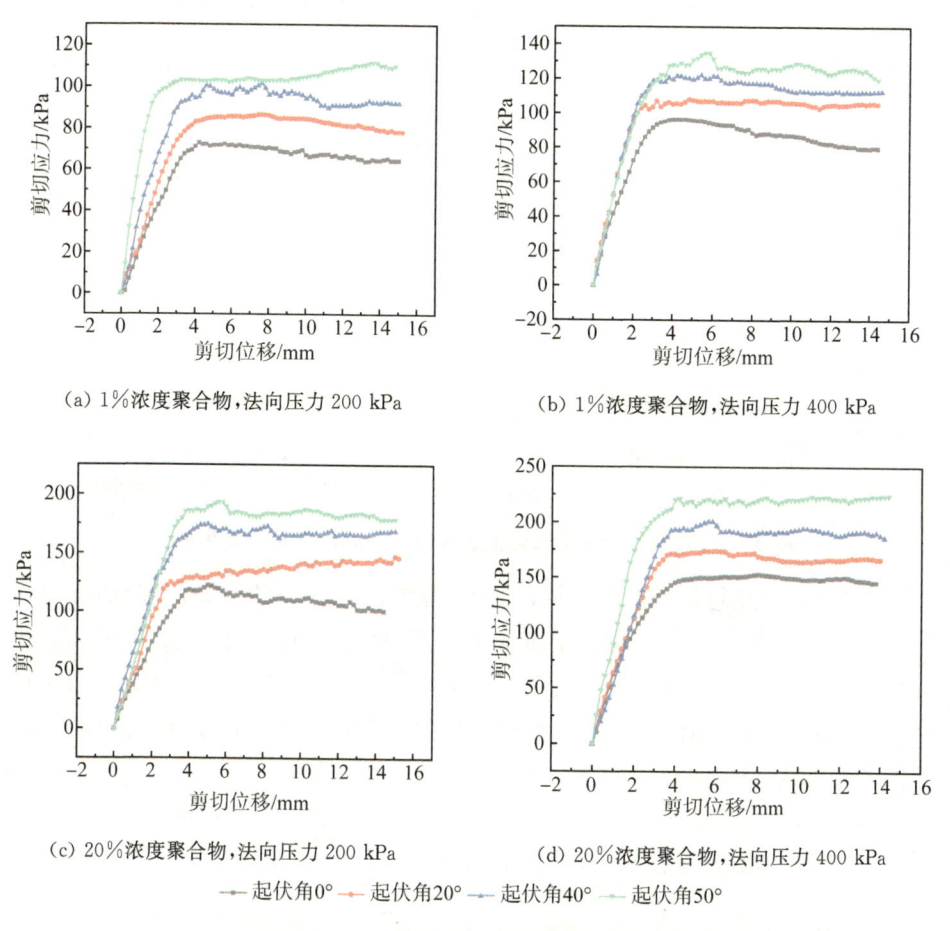

(a) 1%浓度聚合物，法向压力 200 kPa

(b) 1%浓度聚合物，法向压力 400 kPa

(c) 20%浓度聚合物，法向压力 200 kPa

(d) 20%浓度聚合物，法向压力 400 kPa

—— 起伏角0° —— 起伏角20° —— 起伏角40° —— 起伏角50°

**图 5-12　不同起伏角条件下改良客土基质接触面的剪切应力-剪切位移曲线**

不同起伏角条件下改良客土基质接触面的抗剪强度如图 5-13 所示。由图 5-13 可知,试样的抗剪强度随着起伏角的增加逐渐增加。当聚合物浓度为 1%,法向压力为 400 kPa,起伏角由 0°增加至 20°、40°和 50°时,试样的抗剪强度由 122.27 kPa 增加至 147.56 kPa、174.68 kPa 和 193.15 kPa,最终提高了约 70.88 kPa,点增长幅度为 57.97%。当聚合物浓度为 20%,法向压力为 400 kPa,起伏角由 0°增加至 20°、40°和 50°时,试样的抗剪强度由 153.01 kPa 增加至 174.57 kPa、200.86 kPa 和 224.03 kPa,最终提高了约 71.02 kPa,点增长幅度为 46.42%。对试样抗剪强度与起伏角关系曲线的变化趋势进行分析可以发现,试样抗剪强度的增长速率随着法向压力的增加而逐渐增长。当法向压力由 100 kPa 增加至 400 kPa 时,试样抗剪强度的增长速率分别为 3.72 kPa、6.49 kPa、9.26 kPa 和 12.03 kPa。起伏角的增加能够有效提升试样的抗剪强度,提高改良客土基质接触面的黏附作用,并改善改良客土基质接触面的抗剪切性质。

(a) 1%聚合物浓度　　(b) 20%聚合物浓度

—— 法向应力100 kPa　—— 法向应力200 kPa　—— 法向应力300 kPa　—— 法向应力400 kPa

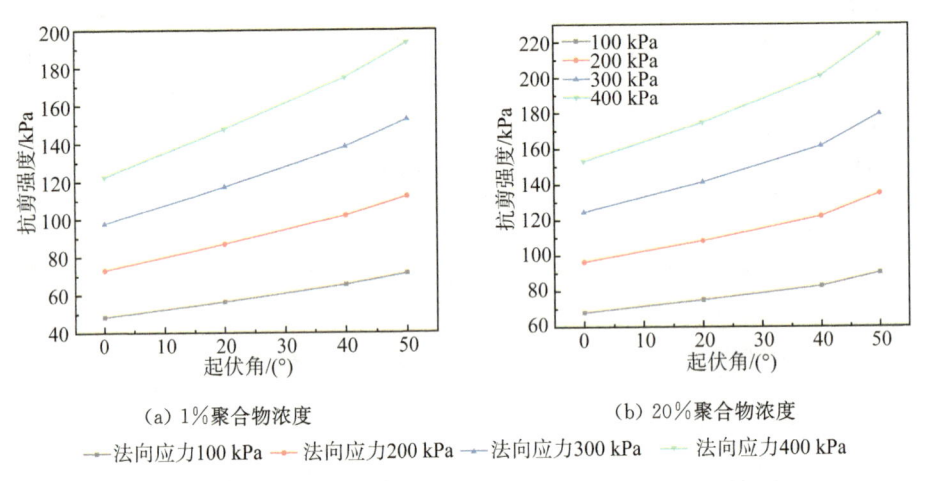

**图 5-13　改良客土基质接触面抗剪强度与起伏角间的关系曲线**

对图 5-13 进行进一步分析可以发现,随着法向压力的增加,试样的抗剪强度逐渐增加。以 20%聚合物浓度和 20°起伏角为例,随着法向压力由 100 kPa 增加至 400 kPa,试样的抗剪强度由 75.07 kPa 增加至 108.24 kPa、141.41 kPa 和 174.57 kPa,点增长幅度为 132.54%。随着法向压力的增加,试样抗剪强度增长的速率约为 33.17 kPa。

## 1.4　客土基材接触面破坏形态

在完成剪切试验后对试样的破坏形态进行记录。图 5-14 为 400 kPa 法向压力、起伏角 40°条件下，不同聚合物浓度试样的剪切破坏形态。由图 5-14 可知，随着聚合物浓度的逐渐增加，试样的主要破坏形式由张拉破坏逐渐转变为滑移破坏。当聚合物浓度为 0%时，由于试样整体性较差，从而使得试样破坏面存在较多的未填充孔隙，在剪切的过程中试样主要的破坏形式为张拉破坏。当聚合物浓度为 1%时，由于聚合物的存在，试样的整体性得到一定的增强。与 0%浓度试样相比较，1%试样破坏面未出现较大孔隙，破坏面的破坏程度得到一定改善。随着聚合物浓度的继续增加，试样破坏面的孔隙的数量逐渐减少且体积逐渐减小，试样的破坏形式由张拉破坏逐渐转变为滑移破坏。当聚合物浓度达到 20%时，试样的整体性较好，试样破坏面已无法观察到孔隙，仅存在部分剪切过程中留下的位移痕迹。聚合物浓度的增加能够有效增强试样的整体性，提高试样的黏附作用，改善改良客土基质接触面的抗剪切性质。

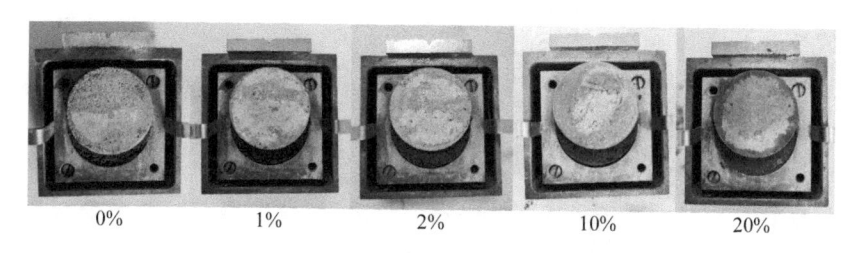

图 5-14 不同聚合物浓度试样剪切破坏形态

图 5-15 为 400 kPa 法向压力、2%聚合物浓度条件下，不同起伏角试样的剪切破坏形态。由图 5-15 可知，随着起伏角的逐渐增加，试样破坏面上剪切留下的痕迹逐渐增多。当起伏角为 0°时，试样破坏面较为光滑，几乎没有因剪切而造成的痕迹。当起伏角为 20°时，试样破坏面存在一定数量的剪切痕迹。这些痕迹与剪切过程中运动的方向相同，深度较浅，多为划痕。随着起伏角的逐渐增加，试样破坏面的剪切痕迹数量和深度均逐渐增加。当起伏角为 50°时，试样破坏面

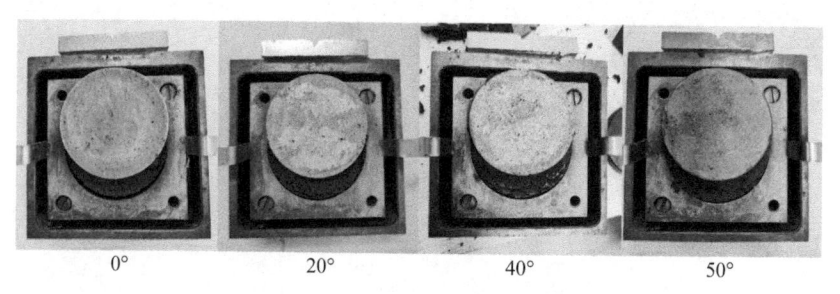

图 5-15 不同起伏角试样剪切破坏形态

存在较多的剪切痕迹,且深度较深。由于试样整体性的提升,部分剪切痕迹尾端存在一定量随剪切过程发生位移的土体,说明起伏角的增加能够有效增强试样的整体性,改善改良客土基质接触面的抗剪切性质。

# 第 2 节
# 客土基材接触面黏附性能

## 2.1 聚合物浓度对基材接触面滑动影响

**1. 聚合物浓度对试样滑动位移-时间关系的影响**

图 5-16 为起伏角 40°、不同聚合物浓度条件下试样的滑动位移和对应的时间数据的关系图。由图 5-16 可知，不同聚合物浓度条件下试样的滑动位移-时间关系呈现出相同的变化趋势，均表现为随着时间的增长，试样的滑动位移先缓慢增长，再快速增长，最后缓慢增长并趋于稳定。按照滑动速率的不同，各试样的滑动位移-时间关系可以划分为三个阶段：初始滑动阶段、加速滑动阶段和减速滑动阶段。

在初始滑动阶段，由于各试样底面与滑动板之间存在着一定的黏附作用，试样需要消耗一部分的重力势能以克服黏附作用的限制，从而使得试样在该阶段的滑动速度较小。随着滑动的进行，试样重力势能逐渐转化为动能和摩擦消耗的内能。此时，由于滑动位移较小，摩擦消耗的内能也相对较小，从而使得重力势能更多的转化为动能，滑动速度不断增加，试样进入加速滑动阶段。随着滑动的持续进行，试样的滑动位移不断增加。根据能量守恒原则，由重力势能转化的动能逐渐减少，试样的滑动速度也逐渐减小，试样的滑动位移逐渐趋于稳定。

(a) 0%聚合物浓度

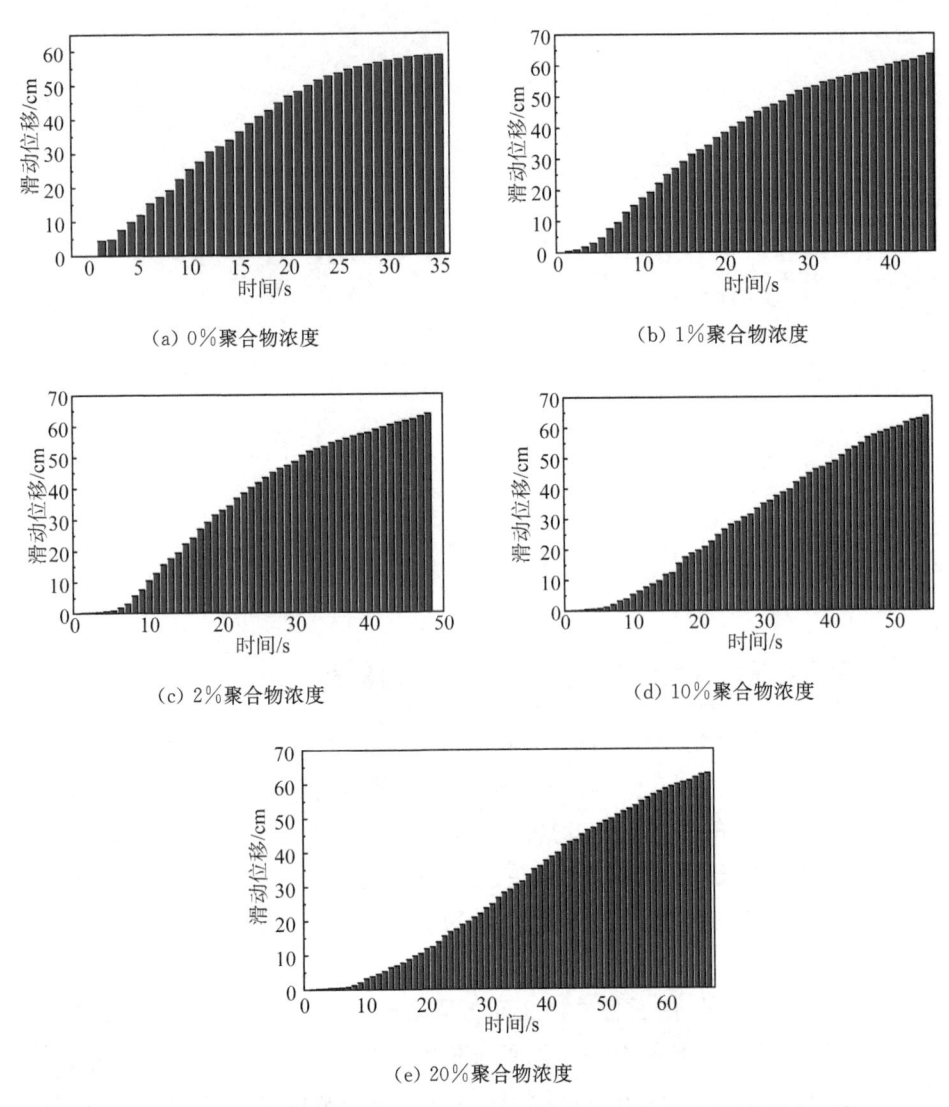

(b) 1%聚合物浓度

(c) 2%聚合物浓度

(d) 10%聚合物浓度

(e) 20%聚合物浓度

**图 5-16　不同聚合物浓度条件下试样的滑动位移-时间关系图（起伏角 40°）**

横向对比不同聚合物浓度条件下试样的典型滑动位移-时间关系图可以发现，当滑动时间相同时，试样的滑动位移随着聚合物浓度的增加逐渐减小。当时间为 20 s 时，聚合物浓度为 0%、1%、2%、10% 和 20% 试样的滑动位移分别为 46.70 cm、38.30 cm、32.92 cm、19.70 cm 和 11.80 cm，位移最终减小了 34.9 cm。随着聚合物浓度的增加，试样的滑动持续时间逐渐增大。当聚合物浓度为 0%、1%、2%、10% 和 20% 时，试样的滑动持续时间分别为 35 s、45 s、48 s、55 s 和 67 s，累计增加了 91.43%。聚合物浓度的增加能够有效延缓改良客土基质的下滑,增强改良客土基质接触面的整体性。

根据不同聚合物浓度条件下试样的滑动位移-时间关系图,对图 5-16 数据进行计算并对相同条件下试样的峰值滑动速度取均值,其结果如图 5-17 所示。

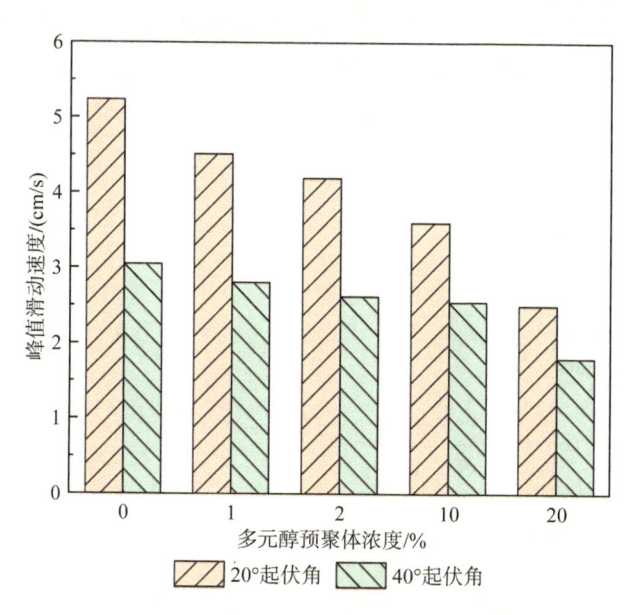

图 5-17　聚合物浓度与试样峰值滑动速度间的关系图

由图 5-17 可知,随着聚合物浓度的增加,试样的峰值滑动速度逐渐下降。以起伏角为 40°为例,当聚合物浓度由 0%增加至 20%时,试样的峰值滑动速度分别为 3.05 cm/s、2.81 cm/s、2.62 cm/s、2.55 cm/s 和 1.80 cm/s,累计下降了 1.25 cm/s,下降幅度为 40.98%。除此之外,当聚合物浓度由 10%增加至 20%时,试样峰值滑动速度的下降幅度最大,为 29.41%;其余各浓度之间试样峰值滑动速度的下降幅度相近,均在 5%左右。

**2. 聚合物浓度对试样临界滑动角的影响**

将试样由静止状态刚刚转换为向下滑动状态时电子测角仪的读数定义为试样的临界滑动角。对试验中获取的不同条件下试样的临界滑动角进行均值化处理,并绘制聚合物浓度与试样临界滑动角之间的关系曲线,如图 5-18 所示。由图 5-18 可知,随着聚合物浓度的增加,试样的临界滑动角呈现出逐渐增加的趋势。以起伏角为 20°为例,当聚合物浓度分别为 0%、1%、2%、10%和 20%时,试样的临界滑动角分别为 63°、64°、65°、67°和 69°,累计增长了 6°,增长幅度为 9.52%。

对临界滑动角随着聚合物浓度的增加而逐渐增加的过程进行分析可以发现,试样临界滑动角-聚合物浓度曲线在聚合物浓度由 0%增长至 2%区间内的斜率明显高于聚合物浓度由 2%增长至 20%区间内的斜率,即临界滑动角的增长呈现出先快后慢的趋势。聚合物浓度的增加可以有效提升试样的临界滑动角,增强改良客土基质接触面的整体性。但当聚合物浓度较高时,临界滑动角的增速逐渐放缓。

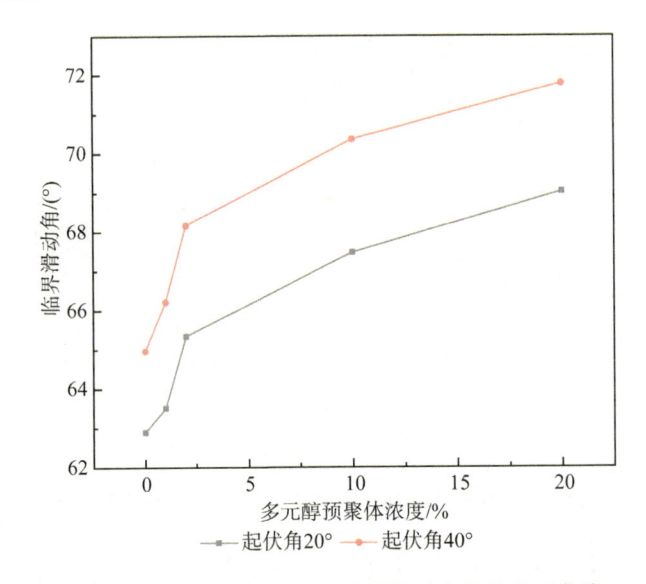

图 5-18 聚合物浓度与试样临界滑动角间的关系曲线

## 2.2 纤维掺量对基材接触面滑动影响

**1. 纤维掺量对试样滑动位移-时间关系的影响**

图 5-19 为不同纤维掺量条件下试样的滑动位移和对应的时间数据的关系图。由图 5-19 所示,当含水率为 25%时,三种纤维掺量下底面的位移-时间曲线斜率 $k$ 均大于 0,说明试样下滑过程中接触面的面力相对稳定,并且在纤维的摩擦作用下,试样底面的粗糙度相较未改良前有很大提升;当含水率高于 25%时,$k$ 值小于 0,说明过高的含水率不仅会导致试样与接触面的面积力减小,还会导致试样整体强度和稳定性降低,在下滑过程中产生形变,改变其与岩体界面的接触面积,因此出现试样斜率随时间增加而减小的现象。在实际工程中尽可能

规避此现象,施工过程中可采取减低含水率、添加改良材料及铺设防护网等措施来提高试样的下滑力。

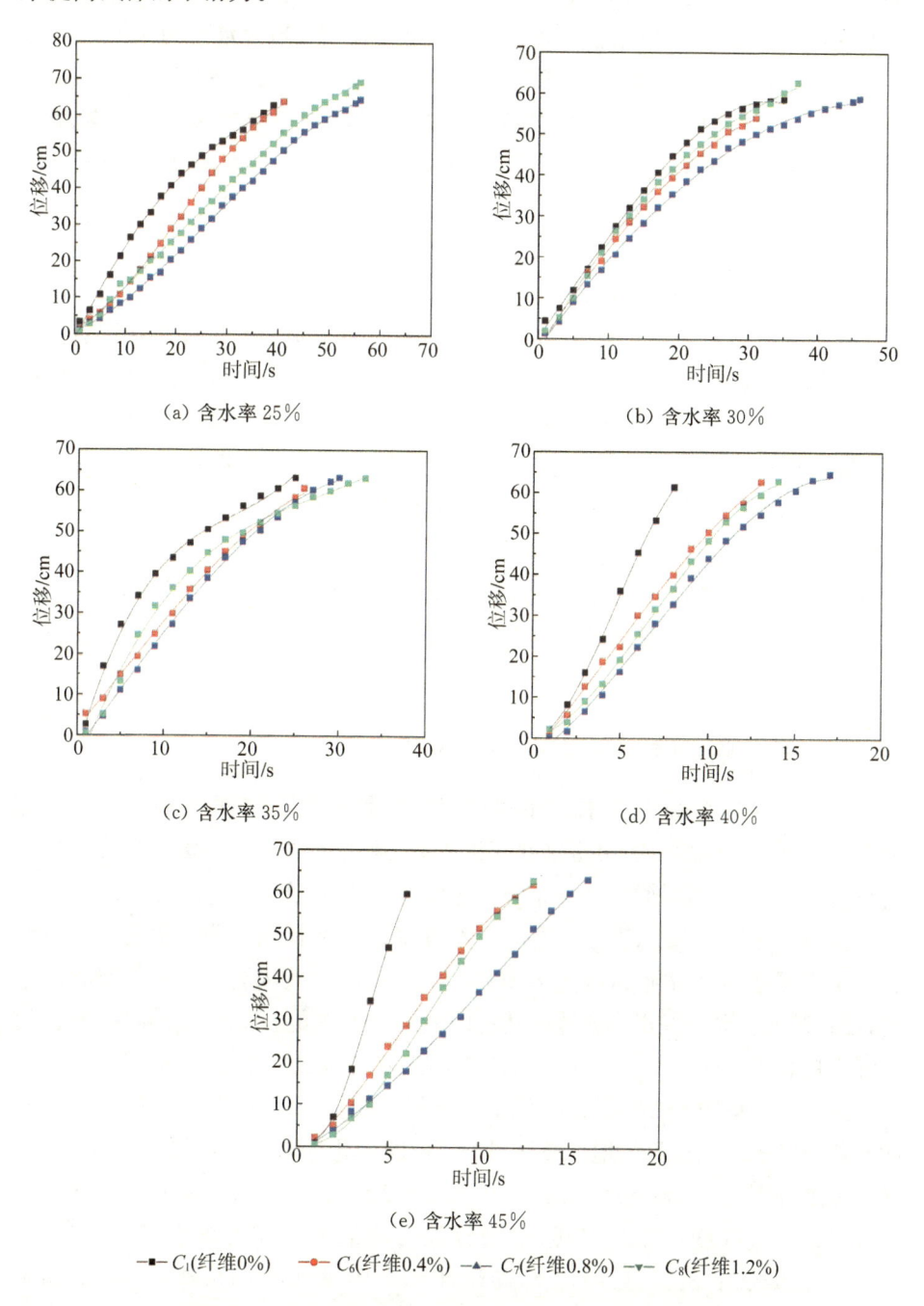

(a) 含水率 25%

(b) 含水率 30%

(c) 含水率 35%

(d) 含水率 40%

(e) 含水率 45%

■— $C_1$(纤维0%) ●— $C_6$(纤维0.4%) ▲— $C_7$(纤维0.8%) ▼— $C_8$(纤维1.2%)

**图 5-19 不同纤维掺量下试样的滑动位移-时间拟合曲线**

从斜率的绝对值可以看出,当含水率为 25%及 30%时,$k$ 的绝对值大小为 S6>S7>S8,S10>S11>S9,表明在该纤维掺量下试样底面的抗滑力在低含水率下变化幅度较高,纤维对试样的抗滑性能影响较小;当含水率为 35%、40%、45%时,斜率的绝对值大小关系为 S14>S12>S13,S17>S16>S15,S20>S18>S19,即纤维掺量为 1.2%试样的动摩擦系数变化幅度要大于纤维掺量 0.4%及 1.2%试样,在高含水率下其动摩擦系数的变化速度偏高,表明该纤维掺量下试样底面的抗滑力在含水率增高后变化明显,从而导致试样抗滑稳定能力下降。

进一步分析图 5-19 可以发现,试样在滑移过程中一般经历三个阶段。各阶段变化规律分别是:(1)初始启动阶段,由于养护时间的作用,试样与接触面存在较高的初始黏附力,因此在该阶段试样的位移速度较小,试样的重力势能较高;(2)在加速位移阶段,试样在受到重力的作用下与接触面产生相对位移,由于接触面粗糙度近似为 0 mm,因此会产生沿接触面向下的加速度加速下滑,此时曲线斜率逐渐变陡,随着时间的增加,试样的重力势能逐渐减小,一部分转变为试样位移时的动能,另一部分则被摩擦能消耗;(3)在减速位移阶段,根据能量守恒,试样位移时的动能逐渐转变为试样的内能,因此,滑移最后阶段曲线的斜率逐渐减低,试样与岩体接触面的摩擦力逐渐增大,试样减速后导致曲线的斜率降低。

**2. 纤维掺量对试样峰值滑动速度的影响**

不同纤维掺量条件下试样的峰值滑动速度关系如图 5-20 所示。图 5-20 可以看出,从试样的滑动速度变化来看,纯黏土试样在初始阶段具有较大的瞬时加速度,在短时间内加速至峰值速度后减速,但在到达倾斜板底端时试样未能及时减速,具有较大的动力能。纤维加筋黏土在初始阶段的滑动时间与纯黏土试样相近,但是剑麻纤维与岩质界面的摩阻力有效削弱了试样的瞬时加速度,使纤维加筋黏土在滑动阶段的速度降低至低于纯黏土试样。在减速阶段,剑麻纤维提高了试样的摩擦性能,从而使试样具有削减试样滑动速率的效果。

进一步分析图 5-20 可知,纤维加筋试样的峰值速度明显低于纯黏土,试样的峰值速度随纤维掺量的增加整体呈"V"形的变化趋势。纤维掺量为 0.8%试样的速度分别为 1.500 cm/s、2.343 cm/s、2.930 cm/s、5.357 cm/s、4.770 cm/s,在三种纤维掺量梯度下表现最优,添加纤维后峰值速度在各含水率下(25%~45%)分别降低 1.54%、1.70%、2.59%、1.48%及 2.45%。从滑移停止时间来看,除了在含水率为 35%时,各含水率梯度下纤维掺量 0.8%的滑移停止时间最

(a) 含水率 25%

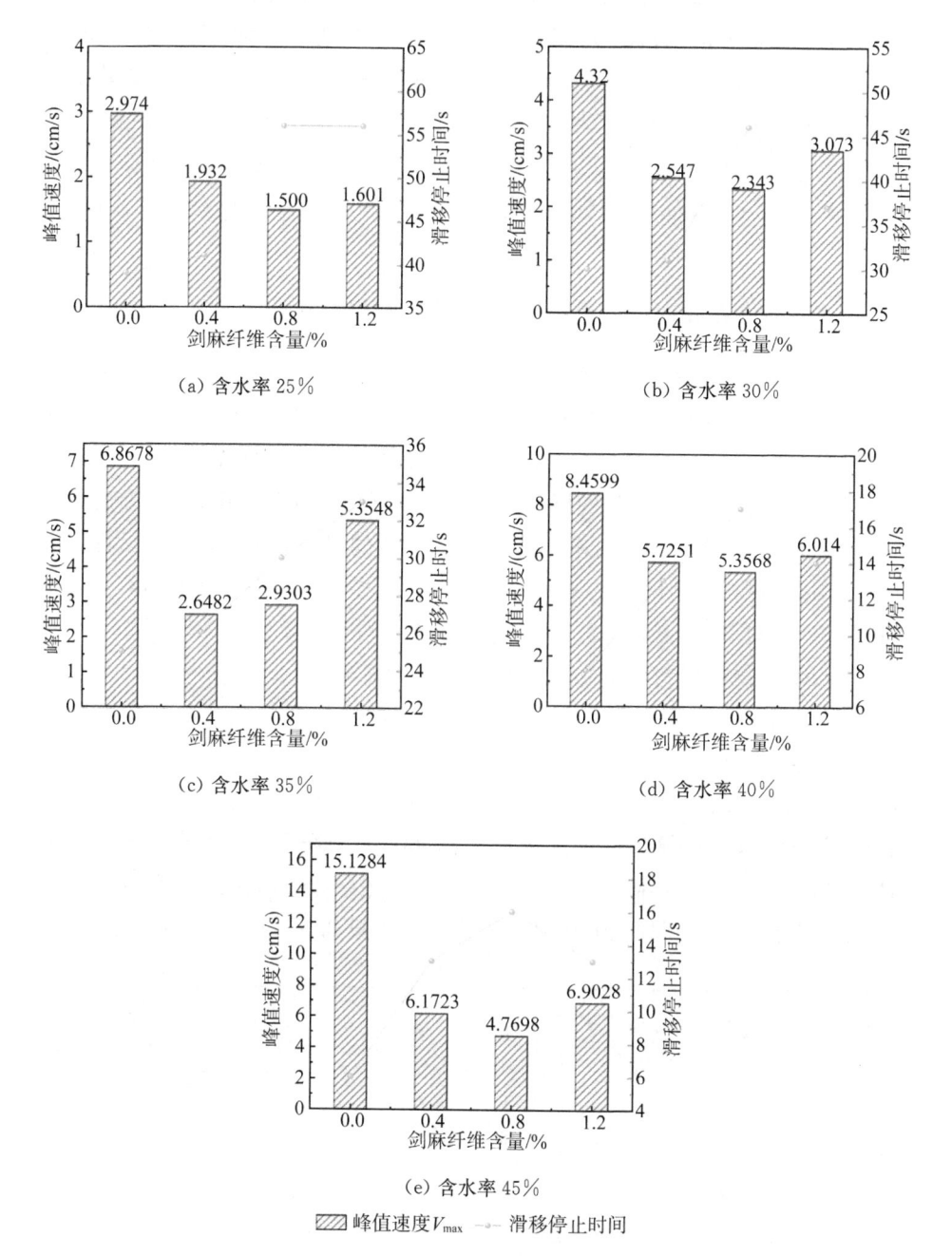

(b) 含水率 30%

(c) 含水率 35%

(d) 含水率 40%

(e) 含水率 45%

峰值速度 $V_{max}$ —— 滑移停止时间

**图 5-20 峰值速度与纤维掺量的变化关系曲线**

长。因此可以看出,纤维掺量与黏土试样的黏附特性存在正相关关系;纤维掺量增加时能约束试样的相对滑动,从而减少试样的平均速度。在三种纤维掺量中,纤维掺量 0.8% 在各项参数中表现出与客土基材更好的耦合性。不管是峰值速度还是位移总时间,纤维掺量为 0.8% 时,试样总能表现出更高的黏附性能。

## 2.3 复合材料对基材接触面滑动影响

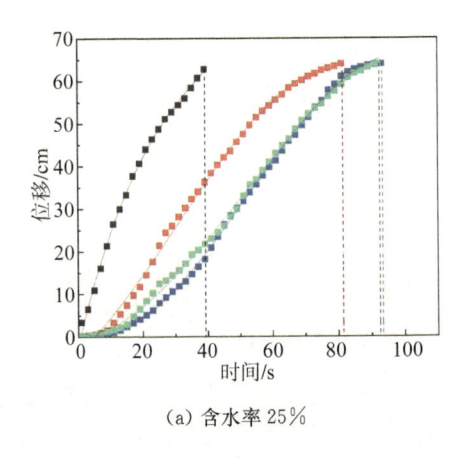

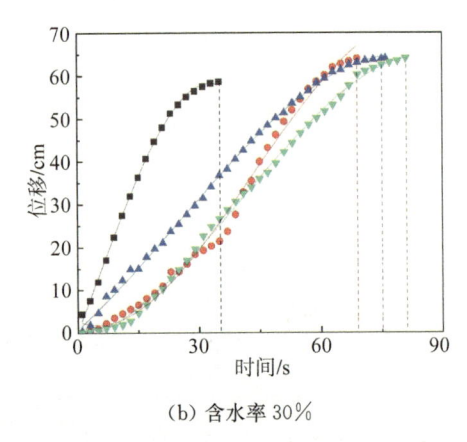

**1. 复合材料配比对试样滑动位移-时间关系的影响**

图 5-21 为不同复合材料配比条件下试样的滑动位移和对应的时间数据的关系图。由图 5-21 可知,相同含水率下,纯黏土试样位移距离远高于复合材料改良试样,位移距离大小分别为纯黏土＞复合纤维 0.4%＞复合纤维 0.8%＞复合纤维 1.2%,复合材料含量的增加能有效抑制试样滑动的速度,并且随着复合材料掺量的增加,试样的滑动速度明显下降,曲线的斜率也逐渐降低。试样含水率为 45%,且试样下滑时间达到 6 s 时,纯黏土试样已结束滑移,而 C48(复合材料掺量 0.4%)试样下滑 19.9 cm,C50(复合材料掺量 1.2%)试样下滑 18.7 cm,C49(复合材料掺量 0.8%)试样则仅滑移了 8.1 cm。

当含水率在 45% 以内时,动摩擦系数-时间曲线斜率 $k$ 均大于 0,但整体数值较小,说明此时试样底面的动摩擦系数未发生较大增长,原因在于试样下滑过程中与接触面的面力未有较大变化,并且在生态黏结剂对黏土颗粒包裹改性作用下,其底面与接触面产生较强的黏结力,对试样底面的动摩擦系数提高有良好帮助。当试样处于高含水率状态下(45%),动摩擦系数-时间曲线的斜率只有在生态黏结剂含量为 2% 时大于 0,在生态黏结剂含量 0.5% 及 1% 时为负值。

(a) 含水率 25%

(b) 含水率 30%

(c) 含水率 35%

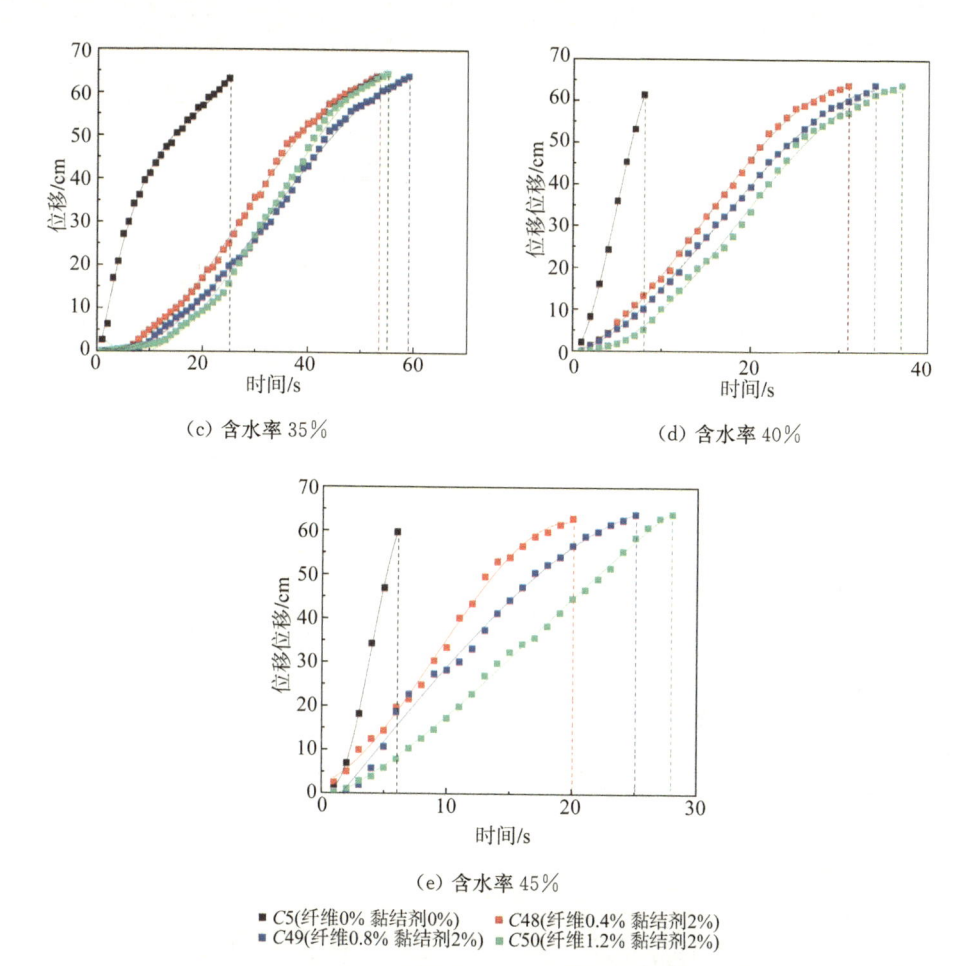

(d) 含水率 40%

(e) 含水率 45%

■ C5(纤维0% 黏结剂0%)　　● C48(纤维0.4% 黏结剂2%)
■ C49(纤维0.8% 黏结剂2%)　■ C50(纤维1.2% 黏结剂2%)

**图 5-21　复合材料改良试样的滑动位移-时间关系图**

复合材料改良土试样的峰值速度 $V_{max}$ 和滑移停止时间 $t$ 如图 5-22 所示。由图 5-22 可知,三种复合材料含量的试样滑移峰值速度整体变化幅度不大,数值上均在 2 cm/s 左右,但从总体说来看,当复合材料掺量为 0.8% 时,试样的滑移峰值速度提高至 0.828 cm/s、1.033 cm/s、1.944 cm/s、2.536 cm/s、3.544 cm/s。峰值速度分别减小了 72%、58.7%、71.7%、74.7% 及 76.6%。从滑移停止时间可以看出,滑移停止时间与复合基材含量呈线性增长关系,但在复合材料掺量为 0.8% 及 1.2% 时,滑移停止时间的变化幅度较小,由此可见三种复合材料掺量对改善黏土试样黏附特性效果不同,复合材料掺量为 0.8% 及 1.2% 时对试样的黏附性能提升最多。

(a) 含水率 25%

(b) 含水率 30%

(c) 含水率 35%

(d) 含水率 40%

(e) 含水率 45%

峰值速度 $V_{max}$ ——滑移停止时间 $t$

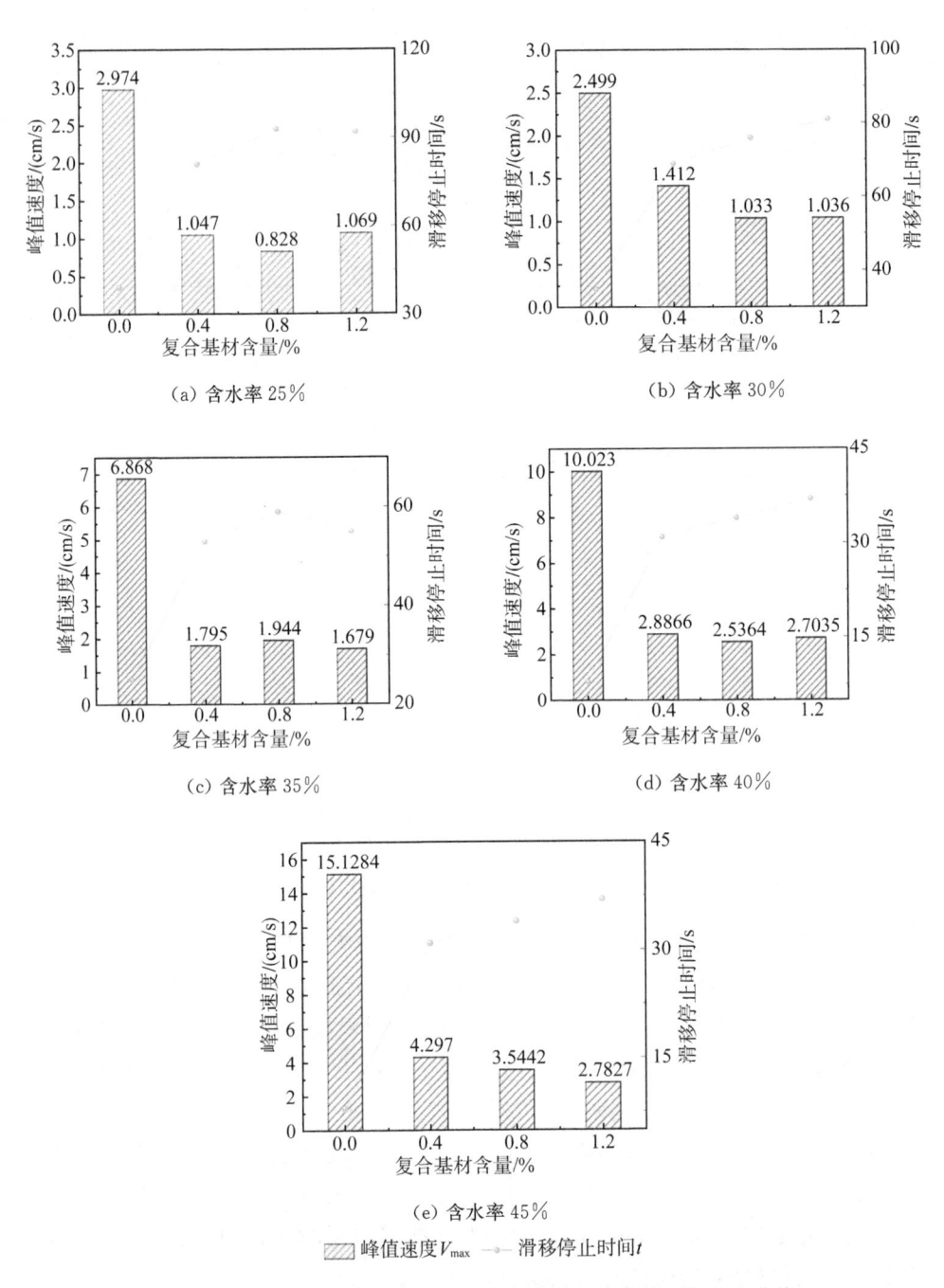

图 5-22 试样的峰值速度和时间与复合基材含量的变化关系曲线

## 2. 复合材料配比对试样动摩擦系数的影响

复合材料改良试样的动摩擦系数如图5-23所示。从图5-23可以看出，为改良黏土的动摩擦系数在含水率超过液限时最终降至0.4附近，此时未改良的黏土试样呈现流塑或半流塑状态，力学强度性质和整体稳定性较差，在滑动过程中虽然未受到较大的剪应力，试样侧面及底面也会产生变形，造成试样底面与倾斜面接触面积改变，从而降低了试样底面整体的摩擦特性和动摩擦系数。从图像变化可以看出，复合材料改良黏土的动摩擦系数平均值变化与纯黏土及纤维加筋黏土的曲线规律基本一致，试样在含水率25%~35%时，存在一含水率使得界面动摩擦系数最高。

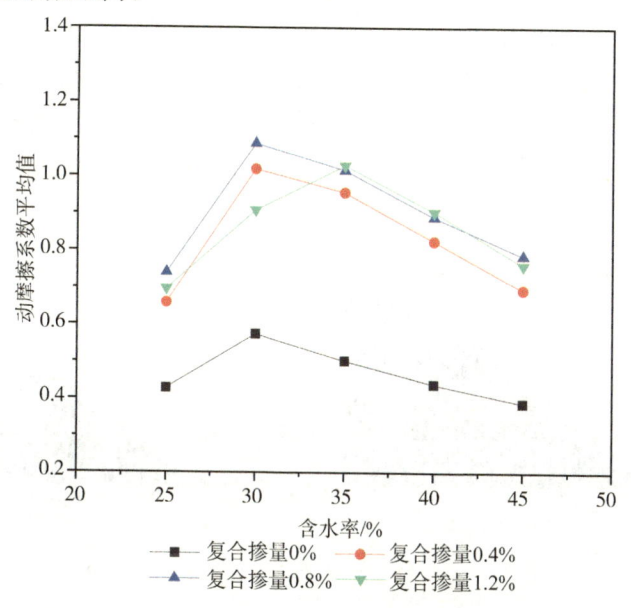

图5-23 复合材料试样动摩擦系数平均值与含水率的关系

## 2.4 起伏角对基材接触面滑动影响

图5-24为聚合物浓度1%时，不同起伏角条件下试样的滑动位移和对应的时间数据的关系图。由图5-24可知，不同起伏角条件下试样的滑动位移-时间关系呈现出相同的变化趋势，均表现为随着时间的增长，试样的滑动位移先缓慢增长，再快速增长，最后缓慢增长并趋于稳定。横向对比不同起伏角条件下试样

的典型滑动位移-时间关系图可以发现,当滑动时间相同时,试样的滑动位移随着起伏角的增加逐渐减小。当时间为 20 s 时,起伏角为 0°、20°、40°和 50°试样的滑动位移分别为 64.00 cm、50.28 cm、38.30 cm 和 30.50 cm,位移减小了 33.5 cm。随着起伏角的增加,试样的滑动持续时间逐渐增大。当起伏角为 0°、20°、40°和 50°时,试样的滑动持续时间分别为 20 s、26 s、45 s 和 48 s,累计增加了 140%。起伏角的增加能够有效延缓改良客土基质的下滑,增强改良客土基质接触面的整体性。

根据不同起伏角条件下试样的滑动位移-时间关系图,对试样的峰值滑动速度进行计算,并对相同条件下试样的峰值滑动速度取均值,其结果如图 5-25 所示。由图 5-25 可知,随着起伏角的增加,试样的峰值滑动速度逐渐下降。以聚合物浓度 1% 为例,当起伏角由 0°增加至 50°时,试样的峰值滑动速度分别为 6.79 cm/s、3.51 cm/s、2.81 cm/s 和 2.05 cm/s,累计下降了 4.74 cm/s,下降幅度为 69.81%。其中,当起伏角由 0°增加至 20°时,试样峰值滑动速度的下降幅度最大,为 48.31%;当起伏角由 20°增加至 40°时,试样峰值滑动速度的下降幅度为 19.94%;当起伏角由 40°增加至 50°时,试样峰值滑动速度的下降幅度为 27.05%。

(a) 0°

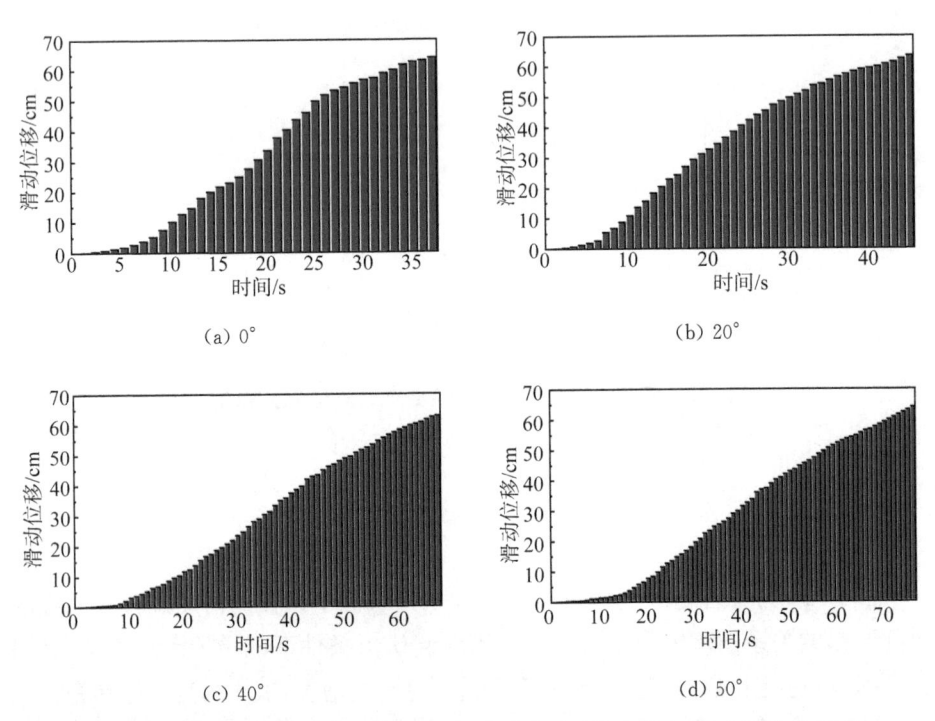

(b) 20°

(c) 40°

(d) 50°

图 5-24　不同起伏角条件下试样的典型滑动位移-时间曲线(聚合物浓度 1%)

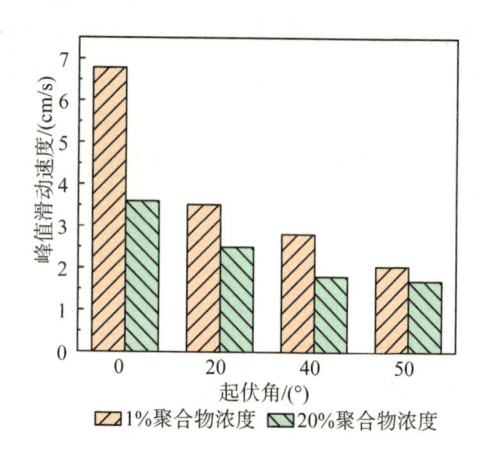

图 5-25 起伏角与试样峰值滑动速度间的关系图

将试样由静止状态刚刚转换为向下滑动状态时电子测角仪的读数定义为试样的临界滑动角。对试验中获取的不同条件下试样的临界滑动角进行均值化处理,并绘制起伏角与试样临界滑动角的关系曲线,如图 5-26 所示。由图 5-26 可知,随着起伏角的增加,试样的临界滑动角呈现出逐渐增加的趋势。以聚合物浓度 1‰为例,当起伏角为 0°、20°、40°和 50°时,试样的临界滑动角分别为 48°、64°、66°和 69°,累计增长了 21°,增长幅度为 43.75%。

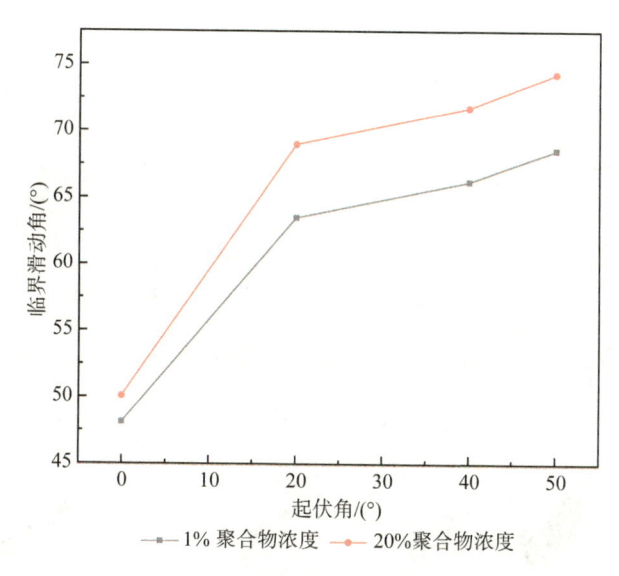

图 5-26 起伏角与试样临界滑动角间的关系曲线

对临界滑动角随着起伏角的增加而逐渐增加的过程进行分析可以发现,试样临界滑动角-起伏角曲线在起伏角由 0°增长至 20°区间内的斜率高于起伏角由 20°增长至 50°区间内的斜率,即临界滑动角的增长呈现出先快后慢的趋势。起伏角的增加可以有效提升试样的临界滑动角,增强改良客土基质接触面的整体性。

## 2.5 基材接触面滑动破坏过程

前述试验结果表明,试样在滑动过程中典型的滑动位移曲线可以划分为三个阶段:初始滑动阶段、加速滑动阶段和减速滑动阶段。在不同的阶段试样的形态也存在着较大差异。图 5-27 为改良客土基质接触面滑动破坏过程与典型滑动位移-时间关系的对比图。由图 5-27 可知,在重力的作用下,试样滑动破坏也可以划分为三个阶段:土体变形阶段、滑动位移阶段以及减速残余阶段。在试验过程中,当滑动板的倾斜角度达到试样的滑动临界角后,试样开始出现滑动。在滑动的初始阶段,由于改良客土基质与水泥板形成的改良客土基质接触面具有一定的整体性,两者之间存在着一定的黏附作用,改良客土基质需要消耗一部分重力势能以克服黏附作用的限制,导致改良客土基质在该阶段位移量较小。此

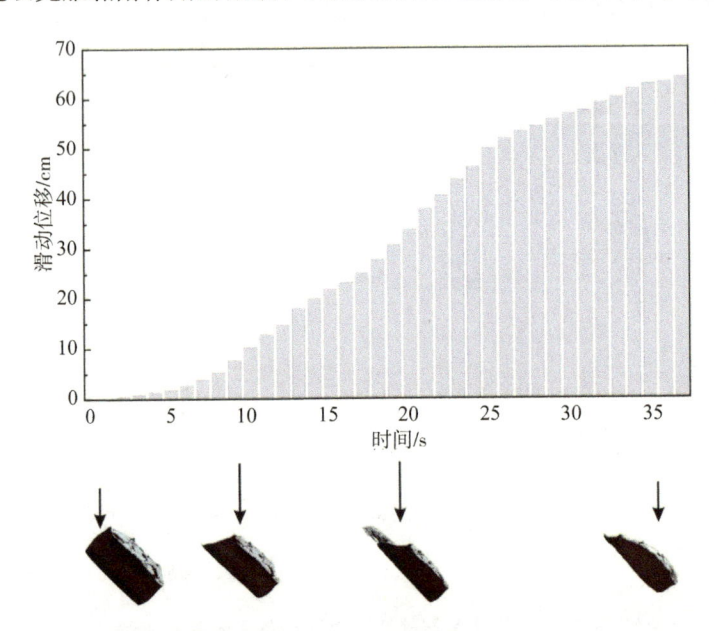

图 5-27 改良客土基质接触面滑动破坏过程与典型滑动位移-时间关系的对比图

时，主要的破坏表现为改良客土基质自身形状的变化，从较为规整的正方体转变为一个侧面为平行四边形的立方体。当改良客土基质接触面的整体性被完全破坏后，试验进入滑动位移阶段。在该阶段，改良客土基质的形状变化较小，仍旧为一个侧面是平行四边形的立方体。该阶段主要的变化为改良客土基质在重力的驱使下沿着滑动板发生滑动。在滑动的过程中，由于改良客土基质与水泥板之间的黏附作用仍旧存在，一部分土体在滑动的过程中残留在其表面，从而导致改良客土基质发生一定的质量损失。

图 5-28 为试验结束后不同条件下改良客土基质试样质量损失率与聚合物浓度之间的关系曲线。由图 5-28 可知，在相同起伏角条件下，随着聚合物浓度的增加，试样的质量损失率逐渐增加。以起伏角 40°为例，当聚合物浓度由 0%增加至 20%时，试样的质量损失率分别为 4.3%、9.4%、11.3%、18.6% 和 25.7%，累计增加了 21.4%。

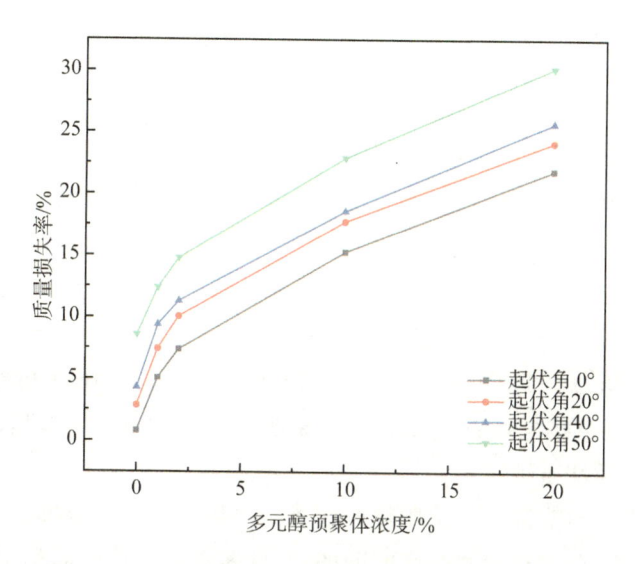

**图 5-28 试样质量损失率与聚合物浓度间的关系曲线**

在相同聚合物浓度条件下，随着起伏角的增长，试样的质量损失率也逐渐增加。以聚合物浓度 1%为例，当起伏角由 0°增加至 50°时，试样的质量损失率分别为 5.1%、7.5%、9.4% 和 12.4%，累计增加了 7.3%。这进一步证明了聚合物浓度和起伏角的增加可以有效增强改良客土基质接触面的整体性。

在滑动的过程中，试样的重力势能逐渐转化为动能和摩擦损失的内能。随着重力势能的逐渐减小，试样的滑动速度逐渐减小，位移逐渐趋向于一个稳定的值。此时，试验进入减速残余阶段。在该阶段，改良客土基质的形状发生一定的变化。改良客土基质底部的土体由于滑动现象的消失逐渐由运动状态转变为静止状态;而改良客土基质顶部的土体在惯性的作用下发生进一步的运动。两者共同作用使得改良客土基质的形状转变为一个侧面为类翼状的立方体,靠近试验装置底部的一端较厚,远离试验装置底部的一端较薄。

由改良客土基质接触面剪切特性试验和滑动试验的试验结果可以发现,改良客土基质接触面的力学性质取决于改良客土基质接触面试样中土体部分与水泥块部分之间的黏附作用,即修复后陡坡中改良客土基质与岩体之间的黏附作用,其大小与改良客土基质中聚合物的浓度和岩体表面的粗糙度密切相关。为了定量研究聚合物浓度和粗糙度对于黏附作用的影响,结合改良客土基质接触面抗剪强度和临界滑动角将改良客土基质接触面的黏附系数定义如式(5.1)所示:

$$K(ir) = \frac{\alpha_{ir}}{\alpha_{\max}} \times 50 + \left(\frac{\tau_{1ir}}{\tau_{1\max}} + \frac{\tau_{2ir}}{\tau_{2\max}} + \frac{\tau_{3ir}}{\tau_{3\max}} + \frac{\tau_{4ir}}{\tau_{4\max}}\right) \times 50 \qquad (5.1)$$

式中,$K$ 为改良客土基质接触面的黏附系数,无量纲;$\alpha_{ir}$ 为聚合物浓度为 $i$($i=0\%$、$1\%$、$2\%$、$10\%$ 和 $20\%$)和起伏角为 $r$($r=0°$、$20°$、$40°$ 和 $50°$)时改良客土基质接触面的临界滑动角(°);$\alpha_{\max}$ 为改良客土基质接触面最大的临界滑动角(°);$\tau_{1ir}$、$\tau_{2ir}$、$\tau_{3ir}$ 和 $\tau_{4ir}$ 为聚合物浓度为 $i$($i=0\%$、$1\%$、$2\%$、$10\%$ 和 $20\%$)和起伏角为 $r$($r=0°$、$20°$、$40°$ 和 $50°$)时改良客土基质接触面在法向压力 100 kPa、200 kPa、300 kPa 和 400 kPa 下的抗剪强度(kPa);$\tau_{1\max}$、$\tau_{2\max}$、$\tau_{3\max}$ 和 $\tau_{4\max}$ 为改良客土基质接触面在法向压力 100 kPa、200 kPa、300 kPa 和 400 kPa 下的最大抗剪强度(kPa)。

$K$ 值在 0~100 之间变化,数值越高说明试样的黏附作用越强,改良客土基质接触面的力学性质越强。

聚合物浓度与改良客土基质接触面黏附系数之间的关系如图 5-29 所示。由图 5-29 可知,随着聚合物浓度的增加,改良客土基质接触面黏附系数呈现出逐渐增加的趋势。以起伏角为 20° 为例,随着聚合物浓度由 0% 增加至 1%、2%、10% 和 20%,改良客土基质接触面的黏附系数由 67.48 逐渐增加至 74.95、78.31、83.41 和 86.46,累计增长了 18.98,增长幅度为 28.13%。

对改良客土基质接触面黏附系数随着聚合物浓度的增加而逐渐增加的过程进行分析可以发现,改良客土基质接触面黏附系数在聚合物浓度 0%~2% 区间内的增长速率明显高于聚合物浓度 2%~20% 区间内的增长速率,即改良客土基质接触面黏附系数的增长呈现出先快后慢的趋势。聚合物浓度的增加可以有效提升改良客土基质接触面的黏附系数,增强改良客土基质接触面的力学性质。

起伏角与改良客土基质接触面黏附系数之间的关系如图 5-30 所示。由图 5-30 可知,随着起伏角的增加,改良客土基质接触面黏附系数呈现出逐渐增加的趋势。以聚合物浓度 2% 为例,随着起伏角由 0°增加至 20°、40°和 50°,改良客土基质接触面的黏附系数由 63.02 逐渐增加至 78.31、86.00 和 91.98,累计增长了 28.96,增长幅度为 45.95%。

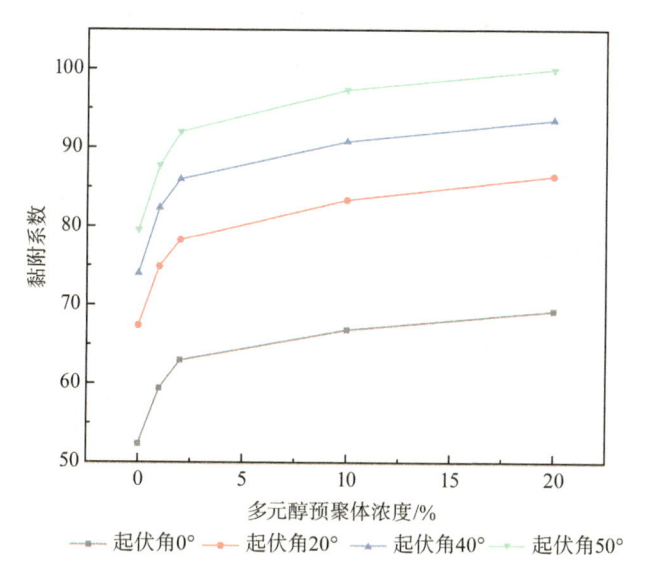

图 5-29 聚合物浓度与改良客土基质接触面黏附系数间的关系曲线

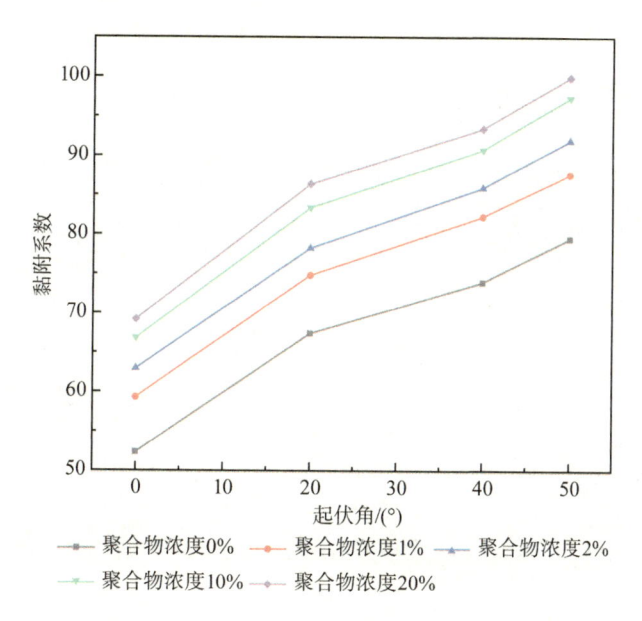

图 5-30 起伏角与改良客土基质接触面黏附系数间的关系曲线

第 5 章 客土基材接触面力学性质

对改良客土基质接触面黏附系数随着起伏角的增加而逐渐增加的过程进行分析可以发现,改良客土基质接触面黏附系数的增长速率随着起伏角的增加呈现出先降低再增加的趋势。以聚合物浓度为2%为例,当起伏角由0°增加至20°,改良客土基质接触面黏附系数的增长速率为0.76;当起伏角由20°增加至40°,改良客土基质接触面黏附系数的增长速率为0.38,降低幅度为50.00%;当起伏角由40°增加至50°,改良客土基质接触面黏附系数的增长速率为0.60,增长幅度为57.89%。起伏角的增加可以有效提升改良客土基质接触面的黏附系数,增强改良客土基质接触面的力学性质。

# 第 6 章

# 岩坡生态修复技术工程应用

# 第1节
# 南京岩质边坡生态修复工程

## 1.1 工程区背景

现场试验场地位于江苏省南京市栖霞区,该场地为一个由于周围房屋建设需要而进行人工开挖形成的岩质边坡,其坡度在 65°~75°左右(如图 6-1 所示)。由于边坡的坡度较大,表层的土体难以附着在边坡表面,尤其在强降雨等自然条件下,该边坡表层的土体流失严重。此外,该边坡为新开挖边坡,故无植被覆盖,一旦发生地质灾害将对周围环境造成较大影响。同时,由于该边坡距周围建筑物 5 m 左右,严重的水土流失也对房屋的安全性也构成较大的威胁。

图 6-1 现场试验场地鸟瞰图

## 1.2　边坡生态修复设计方案

**1. 聚合物浓度的选择**

根据室内试验的结果可知，聚合物浓度的增加可以有效提升改良客土基质的强度性质、耐久性、抗冲刷性以及基质-岩体接触面力学性质，但当聚合物浓度较大时，植物种子发芽率较低，发芽后植被的生长状态较差。综合考虑室内试验结果和现场情况，将试验边坡聚合物的浓度设置为10%。

**2. 植被类型选择**

陡坡生态修复中所用的植被需要具有根系发达、发芽力强、绿期长、易于管理等特点，根据室内植被生长试验的试验结果，综合考虑现场试验场地气候条件和当地优势植被类型等因素后，现场试验中选择紫花苜蓿和紫穗槐作为陡坡生态修复植被，如图6-2所示。两种植物的主要特点如下。

紫花苜蓿：紫花苜蓿是豆科苜蓿属的草本植物。一般为一年生或多年生的宿根性植物，生长高度一般为30~100 cm。根系较为粗壮，根茎发达，主根能够深入土层；侧支根系纵横交错，能够形成强大的根系网络。紫花苜蓿的叶子具有密而小的特点，能够较快地覆盖地面。紫花苜蓿适应性极强，受到破坏后能够快速再生，保持旺盛的生长状态。紫花苜蓿在我国多地均有栽培和野生种的分布，常见于田地旁、道路两侧、河岸附近等地，具有良好的药用价值、食用价值和生态价值。

（a）紫花苜蓿 　　　　　（b）紫穗槐

图6-2　现场试验选择的植被

**紫穗槐**：紫穗槐是豆科紫穗槐属的灌木类植物。一般为丛生，生长高度在 1 m 左右。紫穗槐的根系十分发达，具有多且密的侧根，根系发育深度可以达到 80 cm 左右，能够在土壤中形成纵横交错的根系网络。与其他广泛使用的灌木类植被相比，紫穗槐的土壤容重较小，仅为 1.125 g/cm³，能够有效改善土壤的结构，降低土壤的容重。紫穗槐主要分布于我国华北平原、四川盆地以及华南地区等地，广泛应用于土体绿化、防风固沙等工程之中。

现场试验前，所有的种子均经过了清洗、热水浸泡和高锰酸钾溶液消毒等过程。试验中，两种种子经过混合后进行播种，混合的比例为紫花苜蓿：紫穗槐＝1∶1，草种与客土基质的比例为草种∶客土基质＝20 g∶100 kg。

## 1.3 边坡生态修复施工过程

根据相关的室内试验结果以及现场地质条件，现场试验的具体步骤如下（如图 6-3 所示）：

1) 坡面整平阶段：由于该边坡为人工开挖边坡，坡面存在一定量的松散块石和杂物，为了避免影响后续现场试验的正常进行，需要对边坡表面进行一定程度的整平，以满足后续现场试验的条件。

2) 挂网阶段：由于该边坡的坡度在 65°～75°左右，坡度较大。除此之外，该岩质边坡的表层岩体较为平整、光滑，复合基材难以附着，因此需要在边坡表面铺设金属网，以增强复合基材的附着性。本实验中，所用金属网为双层金属网，下部金属网的网孔为 5 cm，上部金属网的网孔为 10 cm。

3) 复合基材配置以及喷播阶段：根据室内试验的结果以及试验成本等因素的综合考虑，现场试验中所用高分子聚合物的浓度为 10%。根据南京地区的土质特点、气候因素以及室内试验的结果，植被种子的选择以苜蓿和紫穗槐为主。将水、高分子有机聚合物、下蜀土、植被种子以及其他辅助材料（肥料、稻草、泥炭等）混合均匀之后，利用土体喷播机将复合基材喷洒至岩质边坡表面。喷播时采用多次分层喷播的方法，使复合基材可以均匀覆盖在岩质边坡表面。在本次试验中，喷播后复合基材层的厚度约为 10 cm。为了有效进行对比，试验中设置了对照坡面，即在对对照组坡面进行喷播时，所用复合基材中除未添加高分子有机聚合物之外，其他条件均完全相同。

4) 养护及评价阶段：当喷播完成之后，在坡面上铺设遮阳网以保护植被不受阳光的直接照射，待幼苗生长高度达到约 4～5 cm 时拆除。在试验过程中，定期对试验坡面和对照坡面进行浇水。与此同时，需要对植被的发芽和生长情况以及复合基材表层的状态进行连续的记录。

(a) 坡面整平

(b) 挂网

(c) 复合基材喷播

(d) 养护及评价

图 6-3　现场试验步骤

## 1.4　边坡生态修复评价

养护过程结束后,定期对修复边坡和客土喷播边坡的坡面状态和植被生长状态进行观察与相关数据的获取,进而对聚合物改良客土基质陡坡生态修复的效果进行综合性的分析与研究。在完成养护后 1 个月和 5 个月时,对现场试验场地进行实地考察,其结果如图 6-4 所示。由图 6-4 可知,试验边坡的植被发芽率较高,植被生长状态良好,改良客土基质表层湿润、完整,且经过雨水冲刷等破坏后未产生明显的开裂,坡面整体修复效果较好,满足了陡坡的生态修复要求。相反,客土喷播边坡的植被发芽率较低且生长状态较差,改良客土基质表面存在较多的开裂,部分坡面发生较大规模的水土流失和滑动现象,坡体底部的金属网露出,边坡整体修复效果较差。

(a) 1个月　　　　　　　　　(b) 5个月

图 6-4　现场试验边坡状态

图 6-5 和图 6-6 为 2019 年 3 月 25 日开始 6 个月内试验场地的气候特征变化情况。由图 6-5 可知，试验场地的气温均在 0℃ 以上，且呈现出逐渐升高的趋势。日最高温度的变化范围为 8~37℃，日最低温度的变化范围为 3~28℃。日最高温度小于 10℃ 的天数共计 3 天，集中出现于 3 月份；日最低温度小于 10℃ 的天数共计 32 天，主要出现在 3 月份和 4 月份。由图 6-6 可知，试验过程中，共有 92 天出现降水，降水出现的频率随着试验的不断进行呈现出逐渐增多的趋势。其中降水强度达到中雨及其以上的为 47 天。综合图 6-4、图 6-5 和图 6-6 进行分析可以发现，客土喷播边坡由于植被发育较差，坡面在降水的作用下不断发生破坏。而试验边坡由于植被生长良好，尽管在试验的中后期经历了较多的降水，边坡表面仍旧保持较为完整的状态，未发生水土流失等现象。

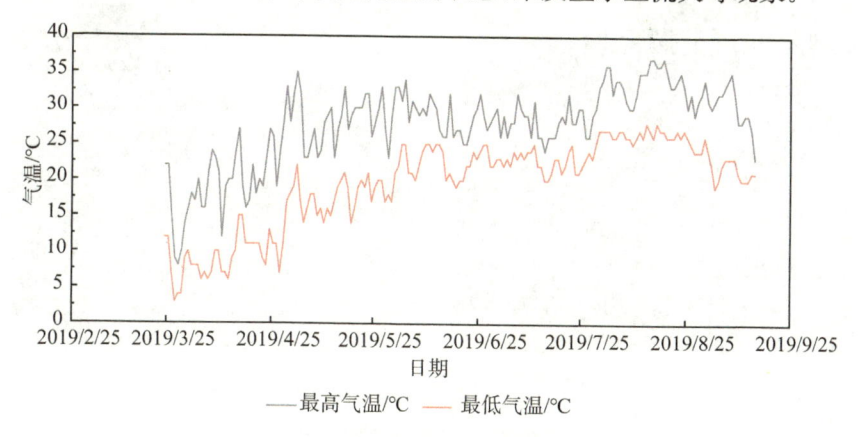

图 6-5　现场试验场地气温变化情况

第 6 章　岩坡生态修复技术工程应用

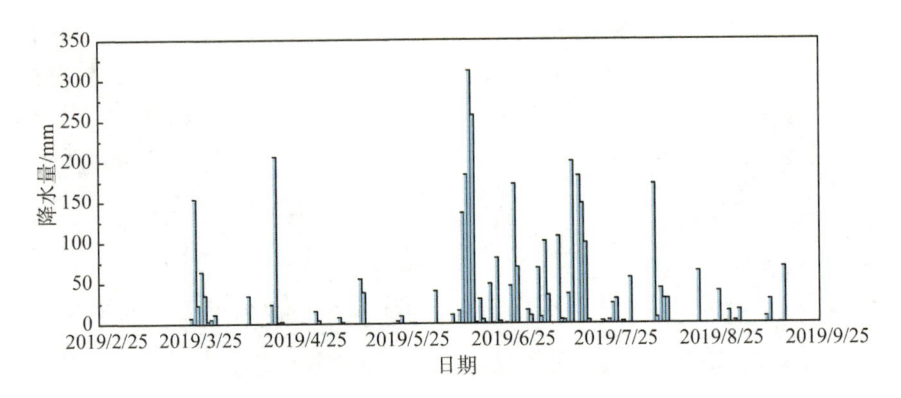

图 6-6　现场试验场地降水量变化情况

**1. 试验后坡面状态**

养护实施结束 1 个月后,试验边坡与客土喷播边坡的情况如图 6-7 所示。由图 6-7 可知,试验边坡整体结构完整,且没有出现明显的裂纹以及被侵蚀痕迹。与此同时,客土喷播边坡由于降雨、日照等一系列自然条件的侵蚀,表面出现了较多的冲沟、裂缝等,受侵蚀的痕迹较为明显。这主要是因为客土喷播边坡表层土体的黏结力较小,同时由于植被播种时间较短,根系发育较差,对边坡表层土体难以起到加固作用。在受到降水等外界作用时,表层土体逐渐松散。当降水强度足够在边坡表层形成较为稳定的径流时,边坡表层土体发生水土流失现象,进而在边坡表层形成一定规模的冲沟。

（a）客土喷播边坡　　　　　　（b）试验边坡

图 6-7　1 个月后边坡状态

由图 6-7 可知,完成养护后 1 个月内,试验场地的气温逐渐升高。此外,日照时间与日照强度的提升也使得客土喷播边坡表层的土体形成了较多的裂缝,这些裂缝的存在使得水土流失发生的可能性进一步提升。而试验边坡由于聚合物的存在,边坡表层土体的黏聚力得到了较大提升。在相同的外界条件作用下,试验边坡表层土体难以出现开裂现象。除此之外,聚合物促进了植被种子的萌发和根系的发育,进一步提升了边坡表层土体的整体性和抗侵蚀能力。

完成养护 5 个月后试验边坡与客土喷播边坡的情况如图 6-8 所示。由图 6-8 可知,客土喷播边坡发生了较大规模的水土流失。边坡中下部的土体已完全被侵蚀,客土基质底部的金属网已经完全露出,边坡仅上部仍存在部分土体。该部分土体表面存在较多裂隙,且部分土体发生土体流失的迹象。而试验边坡表层土体较为完整,裂隙发育较少,表面没有出现明显的侵蚀痕迹。

(a) 客土喷播边坡　　　　　　　(b) 试验边坡

**图 6-8　5 个月后边坡状态**

在试验完成以及完成养护后 1 个月和 5 个月时,对实地考察边坡并对表层土体取样。在实验室内对取样后的土体进行直接剪切试验,测定其抗剪强度。按照《土工试验方法标准》(GB/T 50123—2019)对现场取得的试样进行修剪。试验中,试验仪器为 ZJ 型应变控制式直剪仪,法向压力分别设置为 100 kPa、200 kPa、300 kPa 以及 400 kPa,剪切速率设置为 1.2 mm/min。具体试验过程如下:将修剪好的试样推入剪切盒中,按照设计的法向压力进行加压,启动直剪仪的电机推动剪切盒向前移动直至量力钢环中的百分表刚刚出现读数,此时关闭电机并拔去剪切盒的定位销钉。将百分表调零后,启动电机开始直剪试验。在试验过程中,记录直剪仪手轮的转动圈数和百分表的读数,并绘制剪切过程中的应力-位移曲线。

直接剪切试验的结果如图 6-9 所示。由图 6-9 可知,试验边坡土体的抗剪强度明显高于客土喷播边坡的抗剪强度。完成养护后 1 个月,当法向压力为 100 kPa 时,试验边坡土体的抗剪强度为 108.35 kPa,客土喷播边坡的抗剪强度为 94.50 kPa,提升了 14.66%;当法向压力为 300 kPa 时,试验边坡土体的抗剪强度为 156.62 kPa,客土喷播边坡的抗剪强度为 142.26 kPa,提升了 10.09%。除此之外,随着养护时间的增加,试验边坡土体的抗剪强度也逐渐增大。当法向压力为 100 kPa 时,试验边坡的抗剪强度随着时间变化依次为 96.03 kPa、108.35 kPa 和 111.53 kPa。与试验完成时相比,土体的抗剪强度提升了 16.14%。客土喷播边坡的抗剪强度也有一定程度的提升,其主要原因在于随着时间的不断推进,植被的根系逐渐发育,提升了边坡土体的整体性,进而提高了其抗剪强度。

(a) 客土喷播边坡　　　　　　(b) 试验边坡

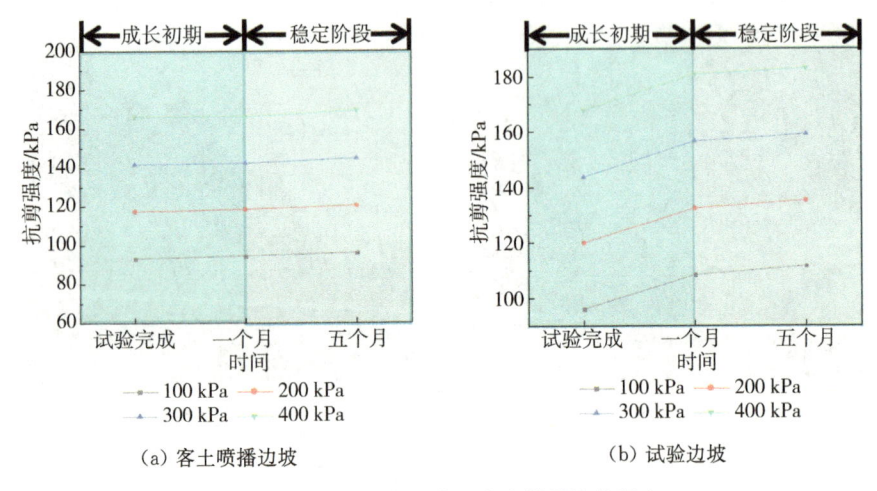

图 6-9　不同法向压力下客土基质抗剪强度

根据不同法向压力下土体的抗剪强度计算土体的抗剪强度参数,其结果如图 6-10 所示。由图 6-10 可知,两边坡土体的内摩擦角保持相对稳定,均在 13.5°附近波动变化,而两者的黏聚力则相差较大。在完成养护后 1 个月时,试验边坡的黏聚力达到了 84.21 kPa,而客土喷播边坡的黏聚力为 70.62 kPa,提升了 19.24%。除此之外,随着养护时间的增加,试验边坡土体的黏聚力也逐渐增大。试验边坡土体的黏聚力随着时间变化依次为 72.17 kPa、84.21 kPa 和 87.74 kPa,内摩擦角依旧保持相对的稳定。

(a) 黏聚力

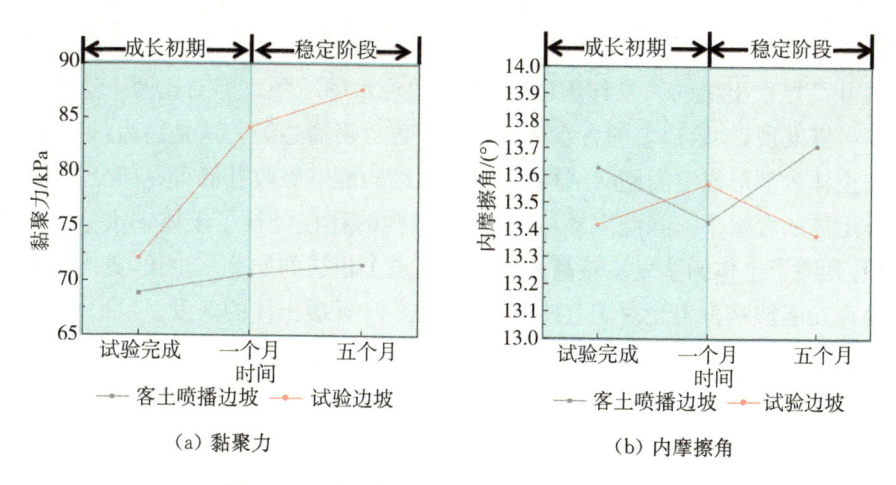

(b) 内摩擦角

**图 6-10　客土基质抗剪强度指标的变化曲线**

### 2. 试验后边坡植被生长情况

对不同时间条件下试验边坡与客土喷播边坡的土体含水率进行测定，其结果如图 6-11 所示。在试验完成时，由于试验边坡与客土喷播边坡的试验步骤差异仅存在于是否使用了聚合物，其余条件完全相同，因此两边坡的含水率相同，约为 18%。随着时间的不断推移，试验边坡与客土喷播边坡的含水率逐渐出现差异。在完成养护后 1 个月时，试验边坡的含水率约为 22.21%，客土喷播边坡的含水率约为 11.85%，两者之间相差近一倍。聚合物的存在明显提高了边坡表层的含水率。在完成养护后 5 个月时，试验边坡的含水率约为 20.32%，客土

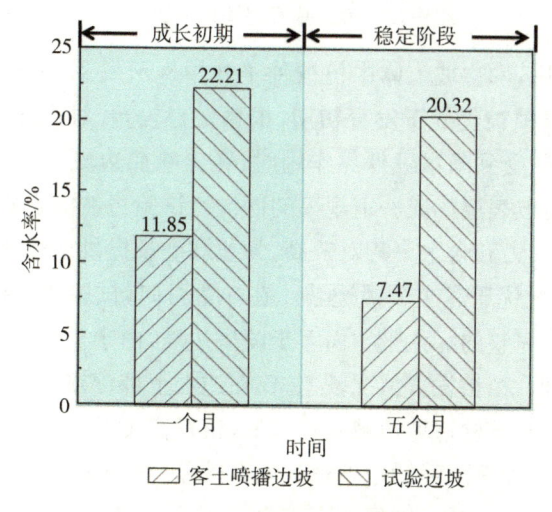

**图 6-11　客土基质含水率试验结果**

喷播边坡的含水率约为 7.47%。造成含水率下降的原因主要是试验场地气温的升高导致土壤的蒸发作用增强,土体的含水率下降。但对比两个边坡的含水率可以发现,试验边坡的含水率明显高于客土喷播边坡。这是因为,聚合物能够在土体内部形成空间网状结构,这些网状结构能够吸收并储存一部分的水分,提升土体的含水率。除此之外,这些网状结构的存在延长了土体中水分蒸发的路径,延缓了土体的蒸发。较高的含水率促进了植被的发芽与生长,更多植被叶片的存在能够减少阳光对于土体的照射,进一步延缓土体的蒸发。

在完成养护后 1 个月对边坡进行现场考察时,对边坡坡面近距离观察,其结果如图 6-12 所示。由图 6-12 可知,在相同的灌溉条件下,试验边坡的土体总体呈现出湿润状态,且土体的湿润状态分布较为均匀。而客土喷播边坡的土体则为干燥状态。

(a) 客土喷播边坡　　　　　　　　(b) 试验边坡

图 6-12　客土基质湿润度对比结果

在试验完成后,两边坡土体中植被种子开始逐渐发芽、生长。约 1 个月时,由于含水率较低,植被仍处于发育初期,根系发育较差,对边坡表层土体难以起到加固的效果。在受到降水等外界作用时,客土喷播边坡土体容易发生水土流失现象,进而在边坡表层形成一定规模的冲沟。试验边坡由于聚合物的存在,边坡表层土体的黏聚力和含水率相对较高,为植被生长提供了适宜的生长环境,从而使植被发育情况优于客土喷播边坡。在 5 个月时,试验边坡植被生长状况良好,在坡面形成了完整的绿化带。而客土喷播边坡,由于土体水土流失现象严重且土体含水率较低,植被发育情况较差,仅在边坡上部存在部分植被。对比两边坡的植被可以发现,试验边坡植被发育较好,植株高度约为 30 cm,叶片厚实,根系呈现出网络状。而客土喷播边坡植被发育较差,植株高度仅为 15～20 cm,叶片面积较小,根系多为主根,侧根发育较少。

# 第2节
# 连云港岩质边坡生态修复工程

## 2.1 工程区背景

东凤凰山位于连云港高新区，山体呈南北走向（图6-13），山上历史古迹众多，自然山体植被茂密。受历史时期开山采石影响，原始山体地貌均遭受了不同程度的破坏，废弃矿山周边地质灾害丛生，生态地质环境恶劣（图6-14），岩石普遍裸露在外面，大块岩石垂直裸露再经风吹日晒，导致岩石很容易解体，为滑坡、泥石流等地质灾害埋下隐患。且废弃矿山中残留的矿石和尾矿产生了大量粉

图6-13 现场试验场地位置图

尘，由风吹进入周边地区，严重污染大气环境，影响了周边居民的正常生产生活。此外，粉尘还会落到周围土壤和植物上，影响植物生长，产生土壤结块等一系列环境问题。

**图 6-14 现场试验场地状态图**

## 2.2 生态修复难点及其设计和施工过程

主要施工难点在于以下几个方面。

1. 坡度大。受矿山开采影响，开采后山体坡度显著增大，废弃边坡地形十分陡峭，边坡平均坡度达 70°。边坡岩性主要为海州群和东海群变质岩，岩石质密坚硬，边坡坡面陡、坡度大，土体附着困难。

2. 保水保土困难。由于该地区属暖温带南缘湿润性季风性气候，季风性海洋气候特点，冬春干燥少雨，夏季强对流天气多发，短时强降雨冲刷强度大并伴有大风，导致坡面保土保水困难，植被难以生长，多年来传统的坡面生态修复技术在连云港地区难以取得很好的绿化效果。

3. 易发落石。传统的削坡、降坡、平台种植、普通客土喷播等工艺对山体扰动较大，加之矿区岩石风化作用强烈，岩石很容易解体，极易诱发整体结构失稳问题，进而产生落石，致使复绿效果大打折扣。

根据相关的室内试验结果以及现场地质条件，现场试验的具体步骤如下。

1) 坡面整平阶段。由于该边坡为人工开挖边坡，坡面存在一定量的松散块石和杂物,为了避免影响后续现场试验的正常进行,需要对边坡表面进行一定程度的整平,以满足后续现场试验的条件。

2) 挂网阶段。由于该边坡的坡度在 65°~75°,坡度较大。除此之外,该岩质边坡的表层岩体较为平整、光滑,复合基材难以附着,因此需要在边坡表面铺设金属网(图 6-15),以增强复合基材的附着性。

**图 6-15　客土基材挂网喷播**

3) 客土喷播阶段。根据高次团粒、客土喷播等相关技术的施工要求,将水、土体、植被种子以及其他辅助材料(肥料、稻草、泥炭等)混合均匀之后,利用土体喷播机将复合基材喷洒至岩质边坡表面。喷播时采用多次分层喷播的方法,使复合基材可以均匀的覆盖在岩质边坡表面。在本次试验中,喷播后复合基材层的厚度约为 10 cm。

4) 高分子聚合物溶液喷洒。根据室内试验的结果以及试验成本等因素的综合考虑,现场试验中所用高分子聚合物的浓度为 10%。将稀释后的聚合物高分子溶液均匀喷洒在处理完成的坡面表层。

5) 养护及评价阶段。当喷播完成之后,在坡面上铺设遮阳网以保护植被不受阳光的直接照射,待幼苗生长高度达到约 4~5 cm 时拆除。在试验过程中,定期对试验坡面和对照坡面进行浇水。与此同时,需要对植被的发芽和生长情况以及复合基材表层的状态进行连续的记录。(图 6-16)

图 6-16 完成现场试验后试验边坡的状态

## 2.3 边坡生态修复评价

通过对喷播后岩质边坡的跟踪、监测发现,三个月后岩质边坡的情况如图 6-17 所示。对比图 6-16 和图 6-17 可知,喷洒高分子聚合物溶液的试验边坡的表面湿润,整体结构完整,且没有出现明显的裂纹以及侵蚀痕迹,坡面十分完好,

图 6-17 三个月后试验边坡状态

没有发现因雨水冲刷、侵蚀形成的冲沟和滑塌现象。经过护坡的坡面形成明显的硬壳层,硬壳层强度大,坡面没有冲刷痕迹,表面土颗粒比较完整,没有明显的破碎和滑动现象。然而,对比段坡面土体未形成明显的硬壳层,坡面土颗粒有崩解现象,坡面出现了少量的冲刷痕迹,坡体表面的土颗粒也出现了明显的滑动现象。

同时,高分子聚合物修复段的植被的整体发芽率超过 70%,已经萌发的植被生长状况良好,植被的根系作用也可以对裸露岩质边坡的客土基材起到很好的坡面防护作用。

# 第 3 节
# 岩坡客土基材生态修复机理

## 3.1 高分子聚合物加固机理

修复边坡所使用的高分子聚合物,作为一个长链的高分子预聚体,其端基带有大量的活性异氰酸酯基(—NCO),如图 6-18 所示。当高分子聚合物与水进行混合时,长链上的异氰酸酯基将与水发生化学反应,使得原本分散的有机高分子链拼接成为长度更长的有机高分子长链。

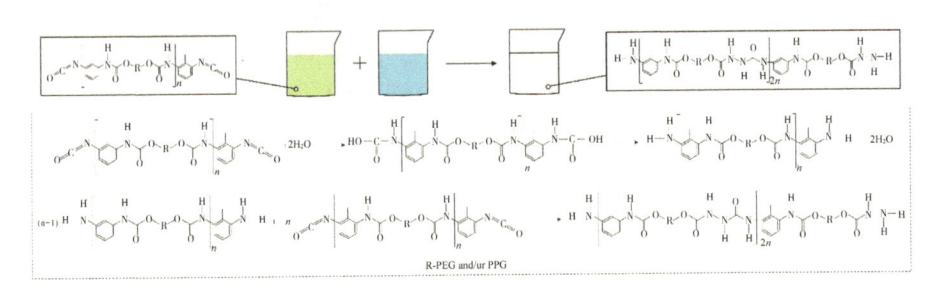

**图 6-18 高分子聚合物与水的反应**

高分子聚合物对土体的强化作用具体可分为化学强化作用和物理强化作用。首先是化学作用(图 6-19),水化后拼接成的更长的有机高分子长链中含有的大量丙酮酸侧基和极性羧基基团会与土颗粒表面双电层中的碱性离子发生置换反应[图 6-19(a)]。极性羧基中的 $H^+$ 取代了黏土颗粒表面的碱金属离子。置换反应使黏土颗粒表面双电子层厚度变薄,颗粒间的吸引力增加,促进了黏土颗粒之间的聚集结合,有助于提高基材土体完整性。

同时,高分子聚合物也会与土体发生一系列物理强化作用。聚合物分子侧链上含有大量亲水酸性基团,溶于水后形成阴离子集聚的黏性水凝胶。将其与黏土颗粒充分混合后,黏土颗粒表面的羟基也会与极性羧基之间反应生成氢键[图6-19(b)],使侧链与黏土颗粒之间形成稳固联接。随着聚合物含量的提高,黏土颗粒之间通过氢键与延伸勾连的长链大分子之间也不断相互关联靠近,土体的整体力学特性提高。在一定含量的聚合物时表现有高黏性,同时在常态下会吸附大量的阴离子集聚,表现出负电性。聚合物与黏土颗粒接触后,长链大分子在静电吸引下和黏土颗粒表面结合。随着聚合物的运移扩散,黏土颗粒表面吸附的长链大分子延伸勾连逐渐充分;聚合物中存在的大量亲水基团会减小黏土颗粒间的水合膜厚度,颗粒间斥力减小,毛细水与黏土颗粒的接触面积增大,毛细水的表面张力显著增强,提高了黏土颗粒之间的关联性[图6-19(c)]。

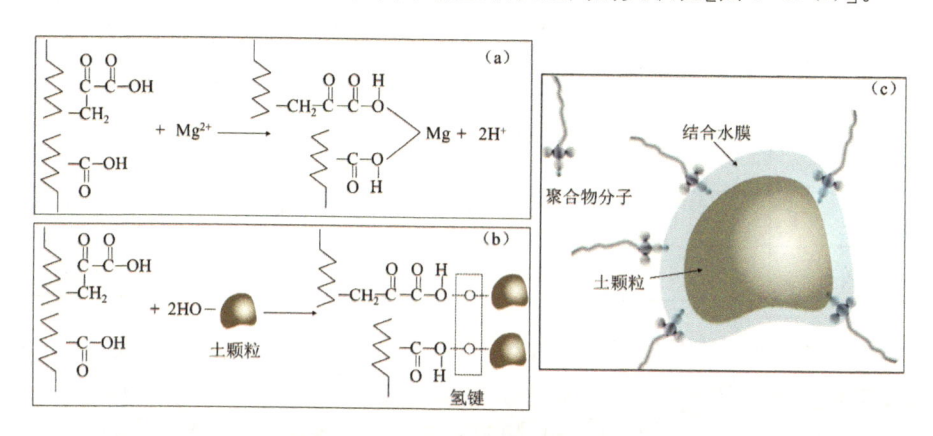

**图6-19 聚合物强化机理示意图**

经一定时间恒温养护(48 h),聚合物扩散渗透,长链大分子对黏土基材的一系列物理化学作用充分开展。土体内部形成充填黏土颗粒孔隙,紧密连接大量黏土颗粒的三维网状膜结构,整体性和工程力学特性获得显著增强。与此同时,当高分子聚合物的水溶液与土颗粒接触,且随着水分的挥发、散失,高分子聚合物水溶液将逐渐固化,形成具有一定强度以及弹性的乳白色网状膜结构。此类网状膜结构一旦形成,一部分将快速地对土颗粒进行包裹、缠绕,以加强土颗粒之间的黏结力;另一部分则对土体中所含有的孔隙进行填充、补偿,使得土体的整体性得到优化,进一步增强土体的密实度。此外,两部分的高分子长链之间也将发生一定程度的物理-化学连接,使得土体内部形成具有一定强度、弹性的网状脉络结构,最终达到提升土体完整性的加固目的。

## 3.2 高分子聚合物对陡坡坡面土体稳定性影响

客土喷播修复后陡坡坡面发生破坏的主要原因在于其自身黏聚力较低，土体的整体性较差。因此，提高客土基质的黏聚力，改善其整体性是解决喷播后陡坡破坏的重要手段。由前述章节中室内试验结果可以发现，聚合物可以有效提升改良客土基质的力学性质，增强其内部结构的整体性。改良客土基质的力学性质参数如表 6-1 所示。

表 6-1 客土基质的力学性质参数

| 聚合物浓度/% | 无侧限抗压强度/kPa | 峰值偏应力/kPa（50 kPa 围压） | 黏聚力/kPa | 内摩擦角/(°) |
| --- | --- | --- | --- | --- |
| 0 | 1 169.28 | 1 676.17 | 201.12 | 57.39 |
| 1 | 1 242.63 | 1 819.86 | 249.71 | 54.95 |
| 2 | 1 293.25 | 1 969.22 | 266.26 | 57.49 |
| 10 | 1 325.87 | 2 221.74 | 273.82 | 53.32 |
| 20 | 1 357.06 | 2 528.77 | 305.56 | 55.25 |

聚合物与水混合反应后，所形成的薄膜状结构能够迅速分布于土体内部，通过缠绕与包裹作用在土颗粒表面进行黏附，从而改变土颗粒表面的结构特征，增大了土颗粒之间的有效连结面积，使得土颗粒的空间位置不容易变化。图 6-20 为聚合物改良客土基质的微观结构示意图。在土体的力学性质试验中，这一现象的宏观表征使其强度得到了一定程度的提升。与此同时，随着聚合物浓度的增加，试样中的薄膜状结构也随之逐渐增多形成空网状结构，进而使得土颗粒以及颗粒之间的孔隙被充分地连结、包裹、填充，土体的完整性得到进一步提升。以养护箱养护的试样为例，与浓度为 0% 的试样相比较，当聚合物浓度为 20% 时，改良客土基质的无侧限抗压强度由 58.14 kPa 提高到 141.99 kPa，峰值偏应力由 185.13 kPa 提高到 252.97 kPa，黏聚力由 70.50 kPa 提高到 87.08 kPa，内摩擦角保持相对的恒定，约为 13.5°。此外，随着聚合物浓度的增加，改良客土基质的力学性质也随着提高。良好的力学性质使得改良客土基质在面对外界作用力时能够保持相对完整的结构，避免内部结构发生破坏造成的坡面整体性失稳破坏。

为分析聚合物改良客土基质的可视化微观特征，通过对聚合物参与下的黏土基材进行扫描电镜(SEM)分析,图 6-21 是不同放大倍率下聚合物改良黏土基材的 SEM 图像。可见在可视化层面,聚合物主要通过覆盖、成网、桥接、协助颗粒团聚等功能提高黏土的剪切力学特性。如图所示,经养护后,聚合物会形成一层包裹黏土颗粒的覆盖膜结构,牢固覆盖在黏土颗粒表面上,稳固结构内黏土颗粒的相对位置。同时会在距离较远的黏土颗粒间构建桥接膜结构,提高土颗粒之间的关联性[图 6-21(a)]。在优良的成膜性作用下,聚合物水凝胶会在黏土颗粒之间形成大面积的三维网络膜结构,锚固大量黏土颗粒,对空间内的土颗粒产生稳定约束作用。同时黏土颗粒在聚合物配合下形成的团聚体更为牢固紧密[图 6-21(b)]。这一系列作用相互配合,可以显著提高土体完整性与物理力学特性,使岩面上客土基材在面对接触面剪切作用时表现出良好的剪切力学特性。

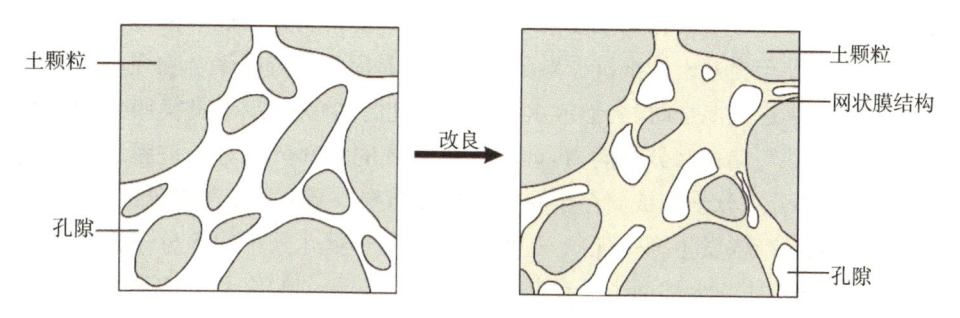

图 6-20 聚合物改良客土基质的微观结构示意图

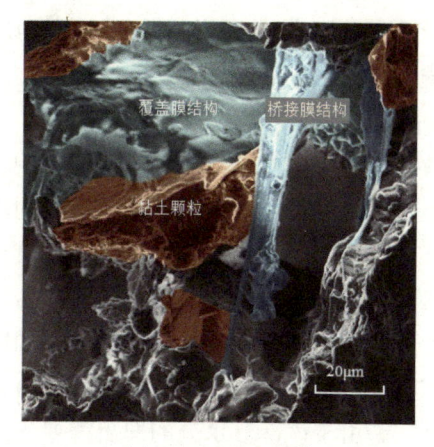

(a) 1∶500 SEM 图像　　(b) 1∶200 SEM 图像

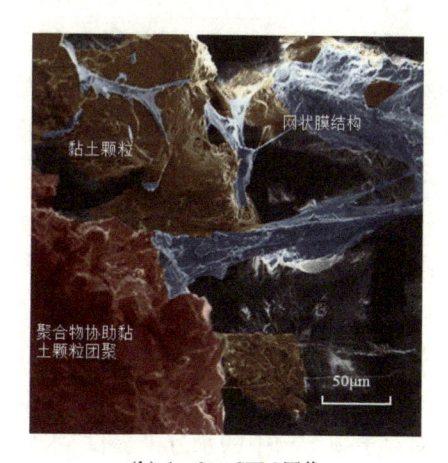

图 6-21 聚合物改良客土基材 SEM 图像

综上所述，聚合物能够从内部结构上改善客土基质，提高土体的力学性质，降低外界作用力对改良客土基质内部结构的影响，实现维持生态修复后陡坡坡面结构稳定的作用。

## 3.3 高分子聚合物对陡坡坡面抗开裂特性影响

高分子聚合物除了对改良后复合基材的强度产生直接影响外，其在土体内部与水反应后生成的结合水膜，随着周围一系列环境因素的变化，将发生不同的性质变化，同时也影响着改良后复合基材的其他性质。

通过前文所述高分子聚合物的浓度对于土体抗冻融性能的影响分析可知，随着冻融循环次数的增加，虽然试样的轴向抗压强度呈现出递减的趋势，但随着试样中所掺入高分子聚合物浓度的增加，该递减趋势的幅度减小，由此说明高分子聚合物有助于提升土体抵抗冻融的特性。这是因为高分子聚合物在与水发生反应并与土壤进行混合时，会形成大量具有弹性的网状膜结构，此类膜结构具有较强的吸水性与储存水分的能力，即允许试样中的一部分水分子被膜结构所吸收，而另一部分水分子则被储存于膜结构的孔隙中。当环境温度降低时，将引起土体内部的膜结构发生冻胀现象，进而使得储存于膜孔隙中的水分子也冻结成冰，产生体积膨胀。上述两个现象是引起土体内部膜结构以及土体强度减弱的主要原因。然而，也正是因为膜结构的存在，在土体内部水分含量相同的情况下，随着高分子聚合物浓度的增加，所生成膜结构的体积也随之增大，膜结构中所储存的水分子量减少，且依靠自身所具备的一定程度的延展性，可以极大地减弱水分子结冰而导致的试样整体结构受损，这在宏观上表现为试样的轴向抗压强度值下降幅度逐渐减小，即改良土抵抗冻融的能力增强。

如图 6-22 所示，高分子聚合物水溶液与土体反应生成的网状膜结构影响着土体内部的水分蒸发。其原理在于黏性土中水的存在主要包括土颗粒周围的游离态水以及存储于膜结构中的水，如图 6-22(a)所示。而膜结构的存在导致土体内一部分水被吸收，另一部分则存储于膜结构之间的孔隙中，因此使得自由水含量减少。在蒸发作用初期，被蒸发的水分主要来源于土壤中的自由水，如图 6-22(b)所示。然而随着蒸发作用的持续进行，土体中的自由水被消耗殆尽，需要储存于膜结构中的水分来提供"水分补偿"。由于该部分水分的逸出需要先透过膜结构，再运输至上部图层到达蒸发面（土壤/大气界面），因此水分的迁移路径被延长，进而导致土体中的水分蒸发速率减低，如图 6-22(c)所示。

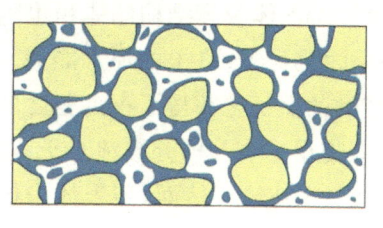

(a) 土体中的水分 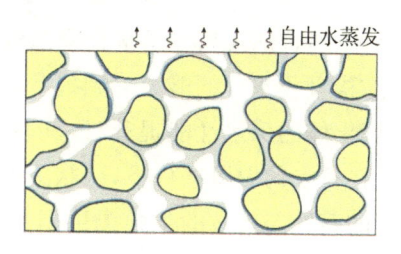　　　　(b) 自由水的蒸发作用

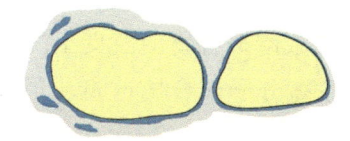

(c) 被固定于膜结构中的水分

图 6-22　保水试验机理示意图

图 6-23 为聚合物改良客土基材微观结构示意图，高分子聚合物含量越高，孔隙被充填的程度越高。图 6-23(a) 为无添加的纯黏土试样微观结构示意图，土中孔隙未被充填，试样下部的自由水可以通过毛细作用无阻碍地运移至试样表面维持蒸发的进行。图 6-23(b) 与 (c) 为不同高分子聚合物含量的复合基材试样的微观结构示意图，可以看出，当含量较低时，试样内仅有少部分孔隙被充填，当含量较高时，试样内部的孔隙被大量充填，试样下部的自由水运移至试样表面的通道被"阻塞"，减少并延长了水分迁移路径，进而导致蒸发速率降低。弹性黏膜的存在不仅会填充颗粒间孔隙，还会对土颗粒进行包裹与胶结。在对试样进行增湿的过程中，未添加的纯黏土试样上部土颗粒由于颗粒间联结较弱被水流冲散，进而充填先期形成的裂隙。而添加了高分子聚合物的基材试样由于聚合物的包裹与胶结作用，增强了颗粒间的联结，在水流的作用下土颗粒也不会轻易被冲散，试样表层土体能维持整体稳定性。如图 6-23(c) 所示，当土颗粒周围孔隙全部被弹性黏膜充填时，弹性黏膜会包裹与胶结土颗粒，增强颗粒间的联结力。

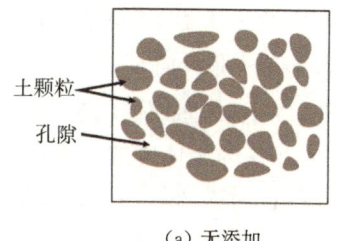

土颗粒
孔隙
弹性黏膜

(a) 无添加 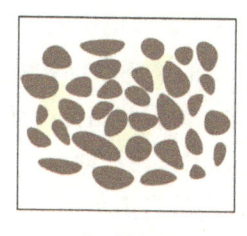　　　　(b) 低含量 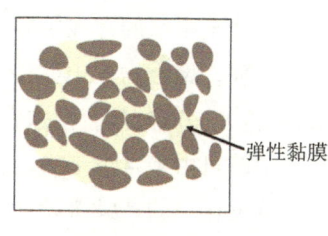　　　　(c) 高含量

图 6-23　聚合物改良客土基材微观结构示意图

此外，随着掺入高分子聚合物浓度的增加，土体中膜结构的体积也随之增加，膜结构吸收水分的能力得到提升，进一步提升了改良土的保水能力。与此同时，当土体的保水性能提升时，其表面植被的生长也获得了一定程度的促进作用。在有限的灌溉条件下，网状膜的存在使得更多的水分被锁于土体内部，为种子的萌发与植被的生长提供了充足的水分补给。然而，当土体中掺入聚合物的浓度较高时，则会因膜结构过多而导致土体内部孔隙被充分填充，进而使得植被的幼根难以通过孔隙自由地生长形成发达的根系，反而抑制了植被的生长、发育。同时，掺入高浓度聚合物的改良土的硬度会增大，幼苗无法突破表层土壤。因此，在制备高分子聚合物改良土时需要注意聚合物的掺入浓度。

客土喷播修复后陡坡坡面由于蒸发开裂形成的裂隙网络为水分进入客土层提供了较为便利的通道，进而导致修复后陡坡的坡面发生破坏。因此，延缓坡面的蒸发作用，减少坡面开裂现象的产生可以有效避免修复后陡坡坡面发生破坏。由前述章节中室内试验的结果可以发现，聚合物浓度的增加可以有效延缓改良客土基质表面的蒸发作用，减少开裂现象的产生。改良客土基质的抗开裂性质参数如表 6-2 所示。

表 6-2 改良客土基质的抗开裂性质参数

| 聚合物浓度/% | 常速率蒸发阶段蒸发速率/(g/h) | 裂隙平均宽度/px | 裂隙平均长度/px | 裂隙率/% |
| --- | --- | --- | --- | --- |
| 0 | 1.23 | 13.11 | 126.34 | 13.2 |
| 1 | 0.96 | 11.08 | 117.81 | 11.44 |
| 2 | 0.80 | 9.51 | 100.83 | 9.94 |
| 10 | 0.74 | 8.77 | 86.30 | 8.69 |
| 20 | 0.61 | 8.26 | 66.43 | 7.98 |

黏性土中水的存在主要包括土颗粒周围的自由水以及存在于土颗粒周围的结合水膜。聚合物在土体中形成的薄膜状结构能够吸收一部分游离态的自由水，并将另一部分的自由水存储在薄膜状结构内部的孔隙中，从而使得改良客土基质中的自由水含量减少。在蒸发作用初期，水分主要来源为土体中的自由水。随着蒸发作用的持续进行，土体中的自由水被消耗殆尽，此时需要储存于薄膜状结构中的水分来进行"水分补偿"。由于该部分水分发生逸出时需要先穿过薄膜状结构，再运输至上部土层到达蒸发面（土壤/大气界面），因此水分的迁移路径

被延长,进而导致改良客土基质蒸发速率降低,常速率蒸发阶段的时间延长。与浓度为0%的试样相比较,当聚合物浓度为20%时,改良客土基质的蒸发速率由1.23 g/h降低至0.61 g/h。且随着聚合物浓度的增加,改良客土基质的蒸发速率逐渐降低。

在蒸发的过程中,土体内部的基质吸力逐渐增大,从而在土体内部形成了一个复杂的张拉应力场。当张拉应力超过土体颗粒之间作用力时,土体颗粒在力的作用下发生相背的运动,宏观表现为裂隙的产生。图6-24为聚合物改良客土基质蒸发开裂示意图。聚合物与水混合反应后所形成的薄膜状结构通过缠绕、包裹以及填充等作用将土颗粒连结成一个致密的整体,使得土颗粒的空间位置不容易产生变化。且随着聚合物浓度的增加,试样中的薄膜状结构也随之逐渐增多,进而使得土颗粒以及颗粒之间的孔隙被充分地连结、包裹、填充,土体的完整性得到提升,减少了土体表面开裂现象的出现。与浓度为0%的试样相比较,当聚合物浓度为20%时,改良客土基质的裂隙平均宽度由13.11 px降低至8.26 px,裂隙平均长度由126.34 px降低至66.43 px,裂隙率由13.2%降低至7.98%。且随着聚合物浓度的增加,改良客土基质的相关开裂参数均逐渐降低。

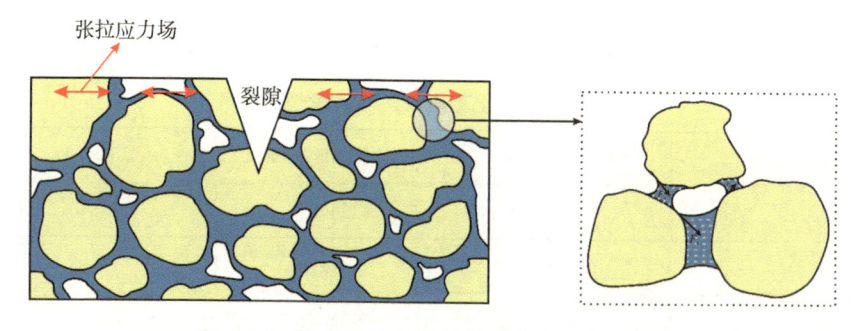

**图6-24 聚合物改良客土基质蒸发开裂示意图**

综上所述,聚合物能够从内部结构上改善客土基质,延缓坡面的蒸发作用,减少坡面开裂现象,从而降低外界水分进入客土层内部通道产生的可能性,实现维持生态修复后陡坡内部结构稳定的作用。

## 3.4 高分子聚合物对陡坡客土基质接触面力学性质影响

客土喷播修复后陡坡土体与岩体形成的接触带容易发生较大的破坏,这种现象在存在外界水分作用时尤为显著。其主要原因在于,客土喷播修复后陡坡土体颗粒周围的结合水膜厚度较大，土体与岩面的黏附作用较小，土体与岩面形成的接触带的整体性较弱，进而造成土体沿着与岩体表面发生一定程度的滑动，如图 6-25(a) 所示。因此，提高陡坡基质与岩面的接触面力学性质的关键在于提高土体与岩面之间的黏附作用。由前述室内试验的结果可以发现，聚合物可以有效增强基质接触面的力学性质，避免改良客土基质的整体性破坏。改良客土基质接触面力学性质参数如表 6-3 所示。

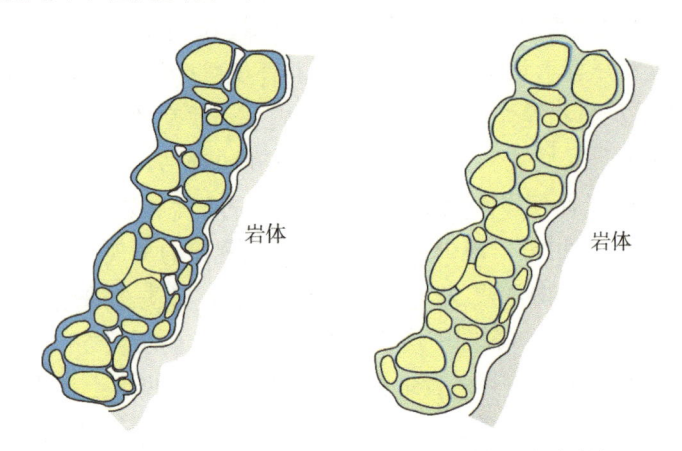

(a) 陡坡坡面　　　　　　(b) 聚合物改良陡坡坡面

图 6-25　聚合物改良客土基质接触面结构示意图

表 6-3　改良客土基质接触面力学性质参数

| 聚合物浓度/% | 临界滑动角/(°) | 抗剪强度/kPa | 黏附系数 |
| --- | --- | --- | --- |
| 0 | 63 | 124.91 | 67.48 |
| 1 | 64 | 147.56 | 74.95 |
| 2 | 65 | 154.76 | 78.31 |
| 10 | 67 | 167.11 | 83.41 |
| 20 | 69 | 174.57 | 86.46 |

聚合物在土体中形成的薄膜状结构在遇到游离状态的自由水时，能够将其一部分吸收，并将另一部分存储在自身内部的孔隙中，从而使得这部分的自由水无法转换为改良客土基质土体颗粒周围的结合水膜，导致土颗粒的结合水膜厚度发生一定程度的减小，提高了改良客土基质与岩体的黏附作用，改善了改良客土基质接触面的整体性，如图 6-25(b) 所示。与浓度为 0% 的试样相比较，当聚合物浓度为 20% 时，改良客土基质接触面的临界滑动角由 63°提高

至 69°,抗剪强度由 124.91 kPa 提高至 174.57 kPa,黏附系数由 67.48 提高至 86.46。且随着聚合物浓度的增加,改良客土基质接触面的力学性质也随之提高。

综上所述,聚合物能够有效提高改良客土基质-岩体接触带的整体性,进而改善改良客土基质-岩体接触带的力学性质,在降水等外界作用下能够保证客土基质不出现较大规模的滑动破坏,减少陡坡坡面失稳破坏的可能性。

## 3.5 高分子聚合物对陡坡坡面抗冲刷性质影响

客土喷播修复后陡坡坡面由于抗冲刷性质较弱,难以抵抗外界降水以及降水形成的坡表径流的侵蚀,进而在坡表形成大量的冲沟,并将一部分土体、未发芽的植被种子以及尚处于发芽初期的植被萌芽带离边坡,从而使得陡坡的生态修复失效,如图 6-26(a)所示。因此,提高客土基质的抗冲刷性质可以有效避免生态修复的失效。由前述章节中室内试验的结果可以发现,聚合物可以有效提升改良客土基质的抗冲刷性质,抵抗外界降水的作用。改良客土基质的抗冲刷性质参数如表 6-4 所示。

(a) 陡坡坡面

(b) 聚合物改良陡坡坡面

(c) 含植被的聚合物改良陡坡坡面

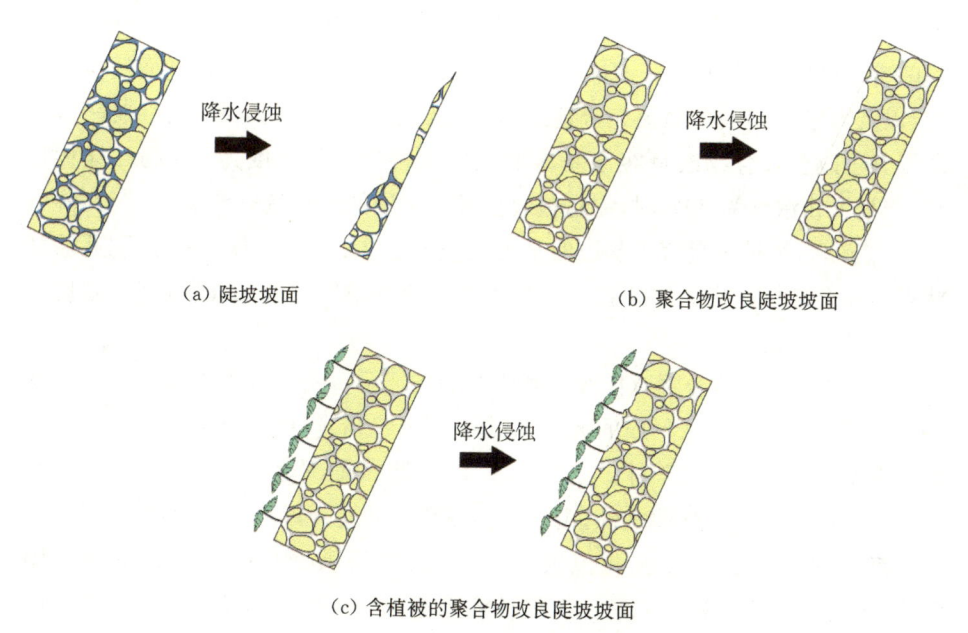

**图 6-26 陡坡坡面冲刷示意图**

表 6-4　改良客土基质的抗冲刷性质参数

| | 聚合物浓度/% | 峰值水土流失速率/(g/min) | 水土流失率/% |
|---|---|---|---|
| 无植被试样 | 0 | 99.81~101.01 | 95.13 |
| | 1 | 71.00 | 53.33 |
| | 2 | 58.07 | 36.36 |
| | 10 | 51.14 | 21.48 |
| | 20 | 29.49 | 9.87 |
| 含植被试样 | 0 | 220.54 | 22.18 |
| | 1 | 9.50 | 0.96 |
| | 2 | 1.67 | 0.17 |
| | 10 | 0 | 0 |
| | 20 | 0 | 0 |

聚合物与水混合反应后,所形成的薄膜状结构能够迅速分布于土体内部,通过缠绕与包裹等作用在土颗粒表面进行黏附,改变土颗粒表面的结构特征,增大了土颗粒之间的有效连结面积,进而使得土颗粒的空间位置不容易产生变化。且随着聚合物浓度的增加,试样中的薄膜状结构也随之逐渐增多,进而使得土颗粒,以及颗粒之间的孔隙被充分地连结、包裹、填充,土体的完整性得到提升,显著提升了改良聚合物改良客土基质的抗冲刷性能。与浓度为 0% 的试样相比较,当聚合物浓度为 20% 时,无植被改良客土基质的水土流失率由 95.13% 降低至 9.87%,含植被改良客土基质的水土流失率由 22.18% 降低至 0,冲刷后坡面状态由完全破坏转变为部分破坏。且随着聚合物浓度的增加,改良客土基质的抗冲刷性能也随之提高。

图 6-26(b)为聚合物改良客土基质冲刷破坏示意图。由图 6-26(b)可知,聚合物与水混合反应后所形成的薄膜状结构通过缠绕、包裹以及填充等作用将土颗粒连结成一个致密的整体。当降水发生时,降水的下落冲击力不足以在陡坡坡面上形成冲蚀坑。除此之外,由于坡面完整性的提升,降水形成的坡面径流无法带走坡面表层的土颗粒和植被种子,从而使得坡面保持相对的完整。图 6-26(c)为存在植被状态下聚合物改良客土基质冲刷破坏示意图。当陡坡表层的植被种子发育为植被时,植被叶片的存在能够进一步降低降水对于陡坡坡面的侵蚀和冲刷,从而使得坡面的完整性得到进一步的提升。

综上所述，聚合物能够有效提升改良客土基质的抗冲刷性，在降水等外界作用下能够保持坡面结构的完整，进而减少由于降水导致的改良客土基质内部结构的破坏，减少陡坡坡面失稳破坏的可能性。

## 3.6　高分子聚合物对陡坡坡面植被生长影响

客土喷播修复后的陡坡坡面由于土体保水性较差，植被发芽与生长过程中水分供给不足，从而导致植被发育较差。除此之外，客土喷播修复后的陡坡坡面的抗冲刷性较差，在外界作用力的影响下，陡坡坡面发生一定程度的破坏，从而使得植被生长需要的空间、养分和水分等发生流失，进一步影响了植被的发芽与生长。由前述章节中室内试验和现场试验的结果可以发现，聚合物一方面能够提升土体的保水性，为植被的发芽与生长提供充足的水分；另一方面，聚合物能够提高改良客土基质的抗冲刷性，减少坡面的破坏，从而减少植被生长需要的空间、养分和水分等因素发生流失的现象，两方面共同作用在一定程度上能够促进植被的发育。改良客土基质中植被种子发芽率如表6-5所示。

表6-5　改良客土基质中植被种子发芽率统计表

| 聚合物浓度/% | 各种子发芽占比/% |  |  | 累计发芽率/% |
|---|---|---|---|---|
|  | 紫花苜蓿 | 紫穗槐 | 马棘 |  |
| 0 | 5 | 3 | 4 | 12 |
| 1 | 16 | 13 | 5 | 34 |
| 2 | 32 | 30 | 3 | 65 |
| 10 | 35 | 32 | 1 | 68 |
| 20 | 13 | 11 | 0 | 24 |

聚合物在土体中形成的薄膜状结构能够吸收一部分游离态的自由水，并将另一部分的自由水存储在薄膜状结构内部的孔隙中，从而使得改良客土基质的保水性得到提升。土体保水性的提升对植被的发芽和生长起到了一定程度的促进作用。图6-27为聚合物改良客土基质的植被生长示意图。在有限的灌溉条件下，由于薄膜状结构的存在使得更多的水分被锁于土体内部，为种子的萌发与植被的生长提供了充足的水分补给。与浓度为0%的试样相比较，当聚合物浓度为10%时，改良客土基质的种子的发芽率由12%提升到68%。然而，当聚合

物浓度过高时，薄膜状结构过多导致土体内部孔隙被充分填充，使得植被的幼根难以通过孔隙发育为完整的根系网络，从而抑制了植被的生长发育。同时，较高浓度聚合物会使得改良客土基质的强度过大，幼苗无法突破表层土壤。

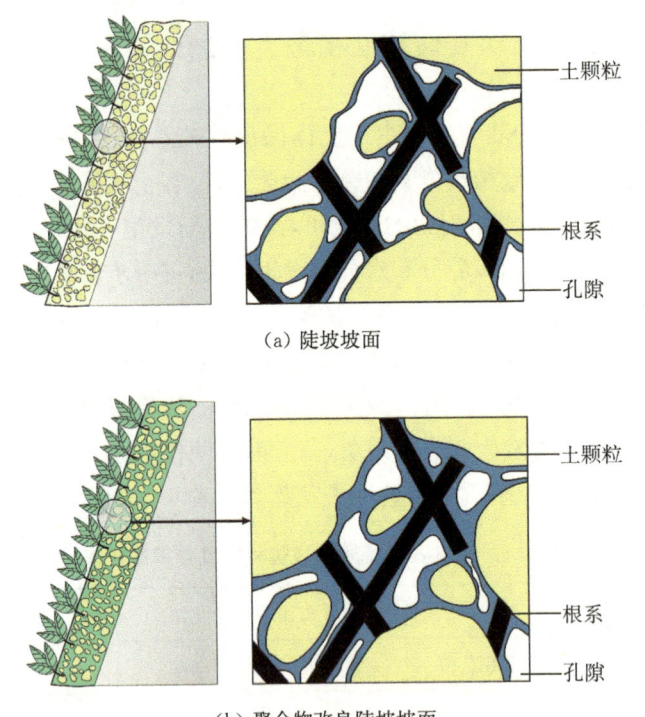

(a) 陡坡坡面

(b) 聚合物改良陡坡坡面

图 6-27　改良客土基质的植被生长示意图

根据室内试验结果，聚合物能够在一定范围内促进植被的发芽与生长，提高陡坡修复后的生态性。但当聚合物浓度过大时，改良客土基质强度较大，内部空间较少，难以提供植被种子发芽和生长所需的条件。

## 3.7　客土基材边坡生态修复机理

复合材料参与下，聚合物与纤维相互配合共同提高土体的剪切力学性能。为分析复合材料配合作用下对物理强化作用的可视化微观特征，对复合材料参与下的黏土基材进行扫描电镜，如图 6-28 所示。

复合材料中的聚合物对黏土的强化作用可以概括为覆盖、胶黏和充填作用。聚合物大分子通过一系列物理和化学作用力紧密地依附在黏土颗粒和颗粒团聚体上,并在其表面形成一层致密连续的覆盖膜结构,见图 6-28(a)。同时聚合物粉末与土中水结合形成高黏性的水凝胶,均匀分布在土体中的水凝胶可以充填土中的颗粒孔隙,紧密黏结相邻土颗粒,提高土体整体性。复合材料改良黏土经养护干燥后,聚合物在土体内部形成完整的空间网络结构,强化土体的强度特性。聚合物在土体生成的一系列强化结构如覆盖膜、空间网络、孔隙填充凝胶等具有显著的柔性特征。复合材料中纤维参与其中,通过交织、扩散、互锁等作用在土体内部形成各向同性的纤维骨架,为聚合物的强化作用提供了硬质结构,见图 6-28(b)。纤维骨架帮助聚合物膜结构关联更多更远位置的土体,提高桥接膜的延伸范围,协助覆盖膜承担更大的应力荷载。

(a) 1∶400 SEM 图像　　　　　(b) 1∶500 SEM 图像

**图 6-28　复合材料改良黏土基材 SEM 图像**

纤维随机分布在土体中,形成各向同性纤维网络结构,通过扩散、桥接、互锁和锚固等作用减少软弱部位的产生,提高土体内部关联性。纤维网络中纤维束之间的搭接依靠土中水作用和纤维粗糙侧表面的咬合摩擦。聚合物通过黏结成膜,大大提高纤维束之间的搭接稳定性。在空间膜结构的包裹约束下,纤维与土颗粒之间的相互作用也更加显著。复合材料中聚合物的配合可以显著提高纤维网络结构的稳定性与整体性,增强纤维网络的扩散作用,使纤维束的锚固特征更为明显,强化纤维与土颗粒的互锁机制。

根据以上分析,复合材料对黏土基材的强化作用可以概括为柔性聚合物膜结构与各向同性硬质纤维网络之间的相互配合作用。土-混凝土界面上下为两种异相介质,接触面表现出明显的各向异性。复合材料改良基材后聚合物的黏结、成膜、桥接、覆盖等作用和纤维网络的交织、扩散、互锁、锚固等作用参与到接触面耦合作用中。复合材料对接触面的强化机理如图6-29所示。

　　素土接触面的耦合作用主要由界面间土混凝土颗粒咬合摩擦作用、土中水作用以及界面上部薄层土体内土颗粒的黏结作用和摩擦作用参与,其中,土混凝土颗粒作用和层间水作用由土混凝土接触面积决定。土中水作用和土颗粒作用主要由接触面的接触特征决定。土体与混凝土模块的接触咬合越为紧密,接触面在发生剪切变形时,发生相对位移,主轴偏转、摩擦破碎的土颗粒就越多,接触面过渡带的范围也就越大。提高接触面起伏角,一方面提高了土混凝土接触面积,同时也使土体与混凝土模块的接触咬合更为紧密,接触面在剪切错动时能调动更大规模的土体参与抵抗剪切变形,从而提高接触面的剪切力学特性。

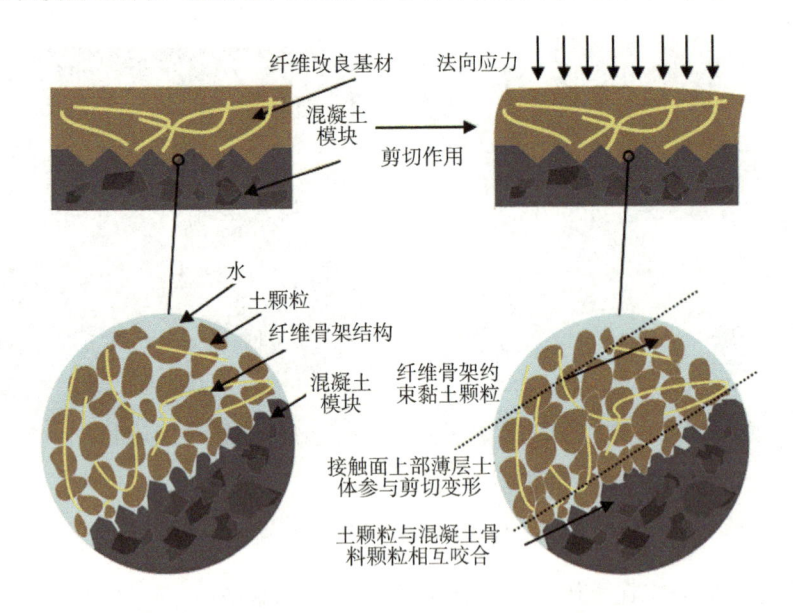

**图6-29　复合材料参与下接触面强化机理示意图**

　　复合材料参与下,纤维与聚合物相互配合,共同提高土体的剪切力学特性,提高土颗粒之间的关联性。纤维为聚合物的成膜作用提供硬质骨架,协助聚合物膜结构保持完整性并延伸到更大范围。聚合物通过覆盖、胶黏作用使纤维束搭建成的各向同性纤维网络骨架更为稳固。聚合物覆盖膜将土体与纤维紧密地联系在一起。使土体的完整性显著提高。复合材料对接触面的强化机制可以分为两个方面。首先复合材料对接触面间的强化作用。聚合物通过胶黏和成膜作用提高接触面间的黏结力,层间出露的棕丝纤维则通过粗糙侧表面摩擦,吸湿放湿等作用参与强化接触面耦合作用。其次,复合材料对接触面过渡带的强化作用。一是聚合物形成的柔性膜与纤维形成的硬质骨架相互配合提高接触面过渡带土体强度。二是在复合材料参与下基材整体性大幅提高,接触面能调动更大范围土体抵抗剪切变形。复合材料掺量越高,接触面的剪切力学性能提升也就越大。

综上所述,聚合物能够有效提升改良客土基质的抗压和抗剪切性质,提高其在冻融循环中的耐久性,延缓蒸发作用,减少表层的开裂,提高抗冲刷能力。改良客土基质具有良好的保水性,能够促进植被种子的发芽与生长,从而实现陡坡的生态修复。聚合物改良客土基质陡坡生态修复的示意图如图 6-30 所示。由图 6-30 可知,聚合物在陡坡生态修复中的作用效果主要体现在:(1)提高改良客土基质的整体性和黏聚力,改善其内部结构;(2)减弱改良客土基质的蒸发作用和表层开裂现象;(3)提高改良客土基质接触面的力学性质;(4)提高改良客土基质表层的抗冲刷能力;(5)提供充足的水分,促进植被的生长。

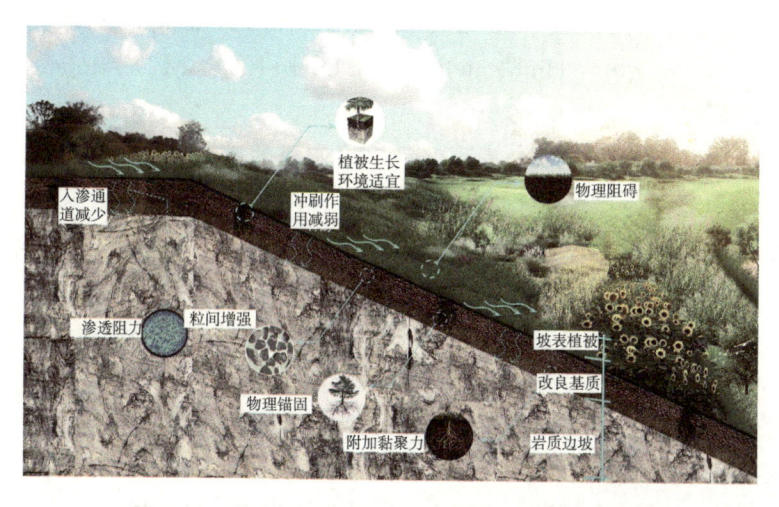

图 6-30 聚合物改良客土基质陡坡生态修复示意图

# 参考文献

[1] Moorish R H. The establishment and comparative wear resistance of various grasses and grass-legume mixture to vehicular traffic[C]. Washington: Highway Research Board Roadside Development Committee Reports, 1949: 70-71.

[2] Hursh C R. Climatic factors controlling roadside design and development[C]. Washington: Highway Research Board Roadside Development Committee Reports, 1949: 9-19.

[3] 张东, 龙军, 杨微, 等. 萤石型铅锌尾矿渣的基质改良与矿山修复应用[J]. 环境工程, 2023, 41(2): 156-165.

[4] 叶建军, 王波, 李虎, 等. 湿式喷射法生态护坡技术在曼大公路取土场的应用[J]. 西北林学院学报, 2019, 34(6): 259-263+272.

[5] 欧哲, 王铁, 杨家富, 等. 废弃矿山破碎岩质边坡地质环境治理[J]. 金属矿山, 2017, (7): 178-185.

[6] 肖金科. 破碎岩质边坡绿色主动网锚喷生态混凝土防护技术及应用[D]. 成都: 西南交通大学, 2021.

[7] 王广月, 王云, 孙国瑞. 三维土工网防护边坡整体稳定性分析[J]. 防灾减灾工程学报, 2017, 37(6): 863-870.

[8] 张宝森, 荆学礼, 何丽. 三维植被网技术的护坡机理及应用[J]. 中国水土保持, 2001, (3): 34-35.

[9] 肖衡林, 张晋锋. 三维土工网垫固土植草试验研究[J]. 公路, 2005, (4): 163-166.

[10] 朱力, 吴展, 袁郑棋. 生态植被护坡作用机理研究[J]. 土工基础, 2009, 23(1): 46-49.

[11] 肖成志, 孙建诚, 李雨润, 等. 三维土工网垫植草护坡防坡面径流冲刷的机制分析[J]. 岩土力学, 2011, 32(2): 453-458.

[12] 李华翔, 宁立波, 杜博涛, 等. 岩质边坡生态袋覆绿技术适用条件研究

[J]. 环境科学与技术, 2017, 40(4): 13-18.

[13] Zheng D, Zhou J Y, Yang J L, et al. Applied Research on the Eco-Bags Structure for the Riverside collapse Slope in Seasonal Frozen Soil Zone [J]. Procedia Engineering, 2012, 28: 855-859.

[14] Zhang Y, Feng M M, Yang J Y, et al. Effects of Soil Cover and Protective Measures on Reducing Runoff and Soil Loss under Artificial Rainfall [J]. Soil and Water Research, 2015, 10(3): 198-205.

[15] 简尊吉, 郭泉水, 马凡强, 等. 生态袋护坡技术在三峡水库消落带植被恢复中应用的可行性研究[J]. 生态学报, 2020, 40(21): 7941-7951.

[16] 尉英华. 高陡边坡反包生态袋土工格栅加筋土施工技术[J]. 科学技术创新, 2022, (11): 141-144.

[17] 梁兆兴. 基于地质雷达检测技术的生态袋护坡结构安全性研究[D]. 重庆: 重庆三峡学院, 2019.

[18] 蒋希雁, 陈宇宏, 许梦然, 等. 强降雨作用下生态袋护坡入渗规律模型试验研究[J]. 中国农村水利水电, 2022, (7): 1-9.

[19] Zhang Y, Yang J Y, Wu H L, et al. Dynamic changes in soil and vegetation during varying ecological-recovery conditions of abandoned mines in Beijing[J]. Ecological Engineering, 2014, 73: 676-683.

[20] 谢非, 刘飞鹏, 龚爱民, 等. 孔隙率对生态混凝土抗压强度及植生性能影响[J]. 粉煤灰综合利用, 2021, 35(1): 57-60+65.

[21] 薛冬杰, 刘荣桂, 徐荣进, 等. 冻融环境下透水性生态混凝土试验研究[J]. 硅酸盐通报, 2014, 33(6): 1480-1484.

[22] Li L B, Zhang H M, Zhou X M, et al. Effects of super absorbent polymer on scouring resistance and water retention performance of soil for growing plants in ecological concrete[J]. Ecological Engineering, 2019, 138: 237-247.

[23] 王可, 代群威, 邓远明, 等. 膨润土-污泥基生态混凝土的制备[J]. 非金属矿, 2018, 41(5): 96-99.

[24] Pereira E L, de Oliveira A L, Fineza A G. Optimization of mechanical properties in concrete reinforced with fibers from solid urban wastes (PET bottles) for the production of ecological concrete[J]. Construction and Building Materials, 2017, 149: 837-848.

[25] 张恒, 丁瑜, 许文年, 等. 植被混凝土新型生境构筑基材稳定性分析[J].

水利水电技术，2018，49(4)：170-178.

[26] 丁瑜，魏伟兵，潘波，等. 纤维加筋植被混凝土基材统计损伤模型研究[J]. 岩土工程学报，2022，44(4)：652-659.

[27] Cui T, He H X, Yan W M, et al. Compression damage constitutive model of hybrid fiber reinforced concrete and its experimental verification[J]. Construction and Building Materials, 2020, 264: 120026.

[28] 杨奇，丁瑜，许文年，等. 植被混凝土抗雨水冲刷性能试验研究[J]. 中国水土保持，2013，(1)：54-56.

[29] 余飞，夏栋，刘文景，等. 模拟暴雨条件下植被混凝土坡面侵蚀的水动力学特征[J]. 水土保持通报，2021，41(3)：152-158.

[30] 晏国顺，周明涛，高家祯，等. 干湿循环作用下植被混凝土结构演化[J]. 水利水电科技进展，2020，40(6)：33-39.

[31] 李天齐. 滴灌条件下植被混凝土水分运移规律研究[D]. 宜昌：三峡大学，2019.

[32] 李旭光，毛文碧，徐福有. 日本的公路边坡绿化与防护——1994年赴日本考察报告[J]. 公路交通科技，1995，(2)：59-64.

[33] 杜娟. 客土喷播施工法在日本的应用与发展[J]. 公路，2000，(7)：72-73.

[34] 杨望涛，杜娟，杨钦伦. 客土喷播防护技术的应用与研究[J]. 公路，2006，(7)：298-300.

[35] 张俊云，李绍才，周德培. 岩石边坡植被护坡技术(1)——植被护坡简介[J]. 路基工程，2000，(5)：1-4.

[36] 张俊云，李绍才，周德培. 岩石边坡植被护坡技术(2)——厚层基材的组成及特性[J]. 路基工程，2000，(5)：4-6.

[37] 张俊云，李绍才，周德培，等. 岩石边坡植被护坡技术(3)——厚层基材喷射植被护坡设计及施工[J]. 路基工程，2000，(6)：1-3.

[38] 梅岭，陈虞祥，王雷，等. 疏浚土配制喷播绿化基质的配比试验研究[J]. 土木与环境工程学报(中英文)，2003,45(1):135-144.

[39] Zhou J J, Liang X Q, Shan S D, et al. Nutrient retention by different substrates from an improved low impact development system[J]. Journal of Environmental Management, 2019, 238: 331-340.

[40] 师海然. 喷播绿化木纤维基质材料配方的开发研究[D]. 北京：北京林业大学，2019.

[41] 刘冠宏,张森,郭小平,等. 绿化废弃物堆肥配制喷播基质的试验研究[J]. 环境科学与技术,2018,41(5):61-66.

[42] 邓川,郭晶晶,郭小平,等. 工程渣土配制喷播基质的配方筛选研究[J]. 土壤通报,2016,47(4):959-965.

[43] 陶玥琛. 客土喷播防护路堑边坡的植被恢复与坡面侵蚀特征研究[D]. 广州:华南理工大学,2021.

[44] 万黎明,余宏明,孔莹,等. 复绿基质客土的水分蒸发试验研究[J]. 工程地质学报,2017,25(4):959-967.

[45] 马显东,刘强,褚保镇,等. 预制基质客土的强度及渗透性试验研究[J]. 中外公路,2019,39(4):243-247.

[46] Xu H, Li T B, Chen J N, et al. Characteristics and applications of ecological soil substrate for rocky slope vegetation in cold and high-altitude areas[J]. Science of the Total Environment,2017,609:446-455.

[47] 王丽,张金池,梦莉,等. 土壤菌对植被生长及喷播基质物理结构的影响[J]. 水土保持学报,2011,25(2):144-147+152.

[48] 汪益敏,陶玥琛,程致远,等. 高速公路路堑边坡客土喷播的长期防护效果[J]. 生态环境学报,2021,30(8):1724-1731.

[49] Xerdiman D, Zhou H X, Li S C, et al. Effects of Water-Retaining Agent Dosages on Slope-Protection Plants and Soil Nutrients on Rocky Slopes[J]. Sustainability,2022,14(6):3615.

[50] Li R R, Zhang W J, Yang S Q, et al. Topographic aspect affects the vegetation restoration and artificial soil quality of rock-cut slopes restored by external-soil spray seeding[J]. Scientific Reports,2018,8(1):12109.

[51] 贾东延. 北京松山地区白桦林地表土喷播利用研究[D]. 北京:北京林业大学,2020.

[52] 乔领新,刘荣堂,宋桂龙,等. 高速公路岩质边坡植被恢复初期喷播基材养分动态[J]. 草业科学,2011,28(12):2123-2127.

[53] 张恒,苏超. 降雨作用下生态边坡客土稳定性研究[J]. 水利水电技术(中英文),2021,52(4):186-191.

[54] 徐黎明,赵晓萌. 地震及降雨渗流条件下铁路生态边坡客土稳定性分析[J]. 铁道标准设计,2014,58(S1):102-104+109.

[55] 王亮,谢健,朱伟. 平行于水平面表面渗流对生态边坡中客土稳定性影响研究[J]. 岩土力学,2009,30(8):2271-2275.